水体污染控制与治理科技重大专项
牡丹江流域水质保障研究系列丛书

牡丹江水环境质量监测预警体系研究

于晓英　王凤鹭　宋男哲　编著

中国建筑工业出版社

图书在版编目（CIP）数据

牡丹江水环境质量监测预警体系研究 / 于晓英，王凤鹭，宋男哲编著 . — 北京：中国建筑工业出版社，2019.5
（牡丹江流域水质保障研究系列丛书）
ISBN 978-7-112-23483-7

Ⅰ. ①牡…　Ⅱ. ①于… ②王… ③宋…　Ⅲ. ①水环境 — 水质监测 — 预警系统 — 研究 — 黑龙江省　Ⅳ. ① X832

中国版本图书馆 CIP 数据核字（2019）第 050074 号

责任编辑：付　娇　石枫华　兰丽婷
责任校对：李美娜

水体污染控制与治理科技重大专项
牡丹江流域水质保障研究系列丛书
牡丹江水环境质量监测预警体系研究
于晓英　王凤鹭　宋男哲　编著
*
中国建筑工业出版社出版、发行（北京海淀三里河路9号）
各地新华书店、建筑书店经销
北京点击世代文化传媒有限公司制版
北京建筑工业印刷厂印刷
*
开本：787 × 1092毫米　1/16　印张：12　字数：224千字
2019年9月第一版　2019年9月第一次印刷
定价：48.00元
ISBN 978-7-112-23483-7
（33780）

本书编委会

主　编：于晓英　王凤鹭　宋男哲

副主编：曲茉莉　杜慧玲　潘保原　董彭旭

编　委：李广来　李　晶　孙伟光　左彦东

范元国　武国正　冯广明　赵文茹

唐古拉　耿　峰　刘侨博　孙准天

李冬茹　张茹松　赵文靓

PREFACE 前言

牡丹江是松花江第二大支流，同时兼有饮用水、纳污、农田灌溉等多种功能，针对牡丹江流域水资源年季变化大、冰封期长、环境监测预警能力薄弱、流域面临水环境污染和水质安全风险等问题，本研究在分析牡丹江流域现有水质监测站网布设的基础上，根据国家和行业相关规范规程要求，结合流域水环境特点，对现有的河流湖库、饮用水水源地、水功能区、水生生物、入河排污口监测站网进行全面的优化研究。基于生物指标协同理化指标，应用 DPSIR 模型研究建立适用于牡丹江流域的水环境质量监控及评估指标体系。基于目前国内外对季节性冰封水体水动力水质模拟研究成果较少的现状，以及河道和水库水动力学过程差异较大的特点，本研究构建了河流湖库二维水动力水质模拟模型，对提高牡丹江流域水环境质量监测监控能力、水污染预警能力和精细化管理能力具有重要的意义，同时也为管理部门在水污染防治管理方面进行决策提供支持。

本书是在国家水体污染控制与治理科技重大专项课题（2012ZX07201002）第五个子课题研究成果基础上，加以凝练、完善而成，在此特向在课题研究和专著撰写过程中给予支持、帮助及关心的所有单位和个人表示衷心的感谢，并感谢出版社编辑为本书出版付出的辛苦。

本书可为北方寒冷地区流域水环境监测及监控预警管理提供有效的决策依据，可供相关领域管理人员、技术人员参考。由于作者水平有限，书中难免存在不妥之处，敬请广大读者批评指正。

CONTENTS 目录

第1章 绪论

1.1 研究背景与意义

牡丹江是松花江的第二大支流，发源于吉林省长白山牡丹峰东麓西北岔，流经吉林省敦化市后进入牡丹江的镜泊湖，流经宁安市、牡丹江市区、海林市的柴河镇、莲花湖、林口县的莲花镇，然后进入哈尔滨市的依兰县，是当地居民赖以生产和生活的重要河流，同时兼有饮用水、纳污、农田灌溉等多种功能。近年来随着流域经济的不断发展，水环境污染和水资源短缺问题日益严重，特别是2006年发生的水源地污染事件，受到了中央、省、市领导的高度重视，水污染治理已刻不容缓。目前，牡丹江流域尚未建立流域层面的监控预警体系，流域的水质自动监测能力以及信息自动化建设水平较低，此外还存在一些未布设水质监测断面的较大支流，因缺少水质监测数据支撑导致水环境监管缺少依据，监测预警能力较为薄弱甚至存在盲区，政府决策部门对水环境突发性污染事件难以有效预防、监控和治理，无法在技术层面上科学地指导牡丹江流域水环境管理，不能满足牡丹江流域环境监管的需求。

本研究针对牡丹江流域水资源年季变化大、冰封期长（达5个月），水质安全受到威胁、环保基础设施及环境监测预警能力薄弱、流域面临着水环境污染和水质安全风险等问题，结合《松花江流域“十二五”水污染防治规划》需求，重点研究牡丹江水环境质量监测预警体系，通过技术研发，为形成松花江支流水质保障技术体系和管理体系提供支撑，为实施《松花江流域“十二五”水污染防治规划》及《牡丹江市环境保护“十二五”发展规划》等提供技术支持，为实现“十三五”牡丹江流域水生态良好奠定基础，有效保障松花江的水质安全。

1.2 国内外研究进展

1.2.1 水质模型技术进展

地表水质模型是使用数学手段对地表水循环中水质组分发生的变化规律及其相互

影响关系进行综合表征，并服务于水资源合理利用与环境保护研究工作。其主要功能是为水质模拟、水质评价、水质预报与预警预测提供理论依据，可用于指导污染物排放标准和水质规划的制定，在水环境管理与水污染防治的研究中占有重要地位。

地表水质模型的产生与进步主要分为以下几个时期：第一时期，20 世纪 20 年代中叶至 70 年代初，研究重点为一维稳态模型，集中研究水体中氧平衡，也包括一些非耗氧物质。代表性河流水质模型有：Streeter 与 Phelps 一起提出的首个水质模型，即 S-P 模型；美国环保局（U.S.EPA）推出的 QUAL-I、QUAL-II 模型。第二时期，20 世纪 70 年代初至 80 年代中叶，地表水质模型产生突飞进展，该阶段的模型研究具有多维、多介质、形态、动态模拟等特点。形态模型的研究与发展的动力一定程度上来自水质评价与标准的制定，其中出现的 WASP 模型是该时期较为突出的成果。第三时期，20 世纪 80 年代中叶至今，主要研究集中在加大模型的深度，对现有模型不足进行完善，并加大模型在实际工作的应用。其主要特点：进行水质模型和面源模型耦合；增加相关的状态变量以及构成成分的数量；模型中加入大气污染物各种沉降对水质的作用；在模型研究过程中应用各种新的技术与方法。多介质箱式模型、水生食物链积累模型、一维稳态模型 CE-QUAL-R2、二维动态模型 CE-QUAL-W2 等在第三时期被提出并应用。

有大量国外学者对水质预测模型进行了深入研究，并且根据文献可知，当今普遍使用的地表水质模型为河网 SNSI-M 模型、河口 ES001 模型及多参数 WASP 综合水质模型等。Gurbuz 为了对水库中藻类植物的浓度进行预测，采用的训练与校正方法为初期结束法，并得到了真实、可信的结论。20 世纪初期，美国提出初级氧平衡模型，被应用到俄亥俄河流主要污染源评价及生活污水来源及影响预测的实际工作中；神经网络作为一种智能控制方法被 Maier 和 Dandy 应用于基本水质模型的参数预测；John Hamrick 等提出的一种三维模型，动力模型与 CH3D-WES 和 ECOM3D 相似，水质变化过程是基于 CE-QUAL-ICM 的原理，应用范围涵盖了点源、非点源、有机污染物迁移转化各方面。目前获得了美国国家环保局（USEPA）的支持。

EFDC（The Environmental Fluid Dynamics Code）模型是在美国国家环保局资助下，由威廉玛丽大学海洋学院维吉尼亚海洋科学研究所（VIMS）的 John Hamrick 等人根据多个数学模型集成开发研制的综合水质数学模型，当前由 Tetra Tech，Inc. 水动力咨询公司维护。经过 20 多年的发展和完善，模型已在一系列大学、政府机关和环境咨询公司等组织中广泛使用，作为环境评价和政策制定的有效决策工具，已成为世界上应用最广泛的水动力学模型之一。目前在我国也得到了广泛的应用。

EFDC 模型是美国国家环保局推荐的三维地表水水动力模型，可实现河流、湖泊、水库、湿地、河口和海洋等水体的水动力学和水质过程模拟，是一个多参数有限差分模型。EFDC模型采用Mellor-Yamada 2.5阶紊流闭合方程，根据需要可以分别进行一维、二维和三维计算。模型包括水动力、水质、有毒物质、底质、风浪和泥沙模块，用于模拟水系统一维、二维和三维流场，物质输运（包括水温、盐分、黏性和非黏性泥沙的输运），生态过程及淡水入流，可以通过控制输入文件进行不同模块的模拟。模型在水平方向采用直角坐标或正交曲线坐标，垂直方向采用 σ 坐标变换，可以较好地拟合固定岸边界和底部地形。在水动力计算方面，动力学方程采用有限差分法求解，水平方向采用交错网格离散，时间积分采用二阶精度的有限差分法，以及内外模式分裂技术，即采用剪切应力或斜压力的内部模块和自由表面重力波或正压力的外模块分开计算。外模块采用半隐式三层时间格式计算，因传播速度快，所以允许较小的时间步长。内模块采用考虑了垂直扩散的隐式格式，传播速度慢，允许较大的时间步长，其在干湿交替带区域采用干湿网格技术。该模型提供源程序，可根据需要对源程序进行修改，从而达到最佳的模拟效果。

我国在水质预测方面起步晚，早期重视不够，而随着国家对水资源管理与水污染治理的力度加大，也使得越来越多的学者进入水质预测的研究中，并取得了较为丰硕的成果。马正华、王腾等阐述了BP神经网络模型的原理及优点，并将其应用到对太湖出入湖河道水质污染指数的预测工作中，预测结果相对传统建模方法具有适应性好、预测精度高等特点。张志明针对目前机理水质模型应用存在的“异参同效”等不足，在Simulink环境下将WASP模型框架分解，将实测数据回归分析、人工神经网络、蒙特卡罗模拟法等多种技术相互耦合，对单一传统模型进行改进，更加合理地解释了水质变化规律。王亚炜、杜向群等采用QUAL2K河流水质和情景分析法，以温榆河氨氮为目标，为河流水质改善与污染防治措施提供了理论技术上的依据。郭静、陈求稳、李伟峰等人抓住了SALMO湖泊水质模型中关键参数取值的重要性，进行合理假设对模型进行改进，并利用2005年实测数据对模型进行求解，继而应用到2006年水质的预测研究中。在对藻类、溶解氧、硝态氮、溶解态磷的变化趋势的预测中取得了与实测值相对一致的效果，说明该模型能够对藻类及富营养化物质的浓度预测取得很好的效果。袁健、树锦对多元非线性回归算法的不足进行完善，并应用到黄河干流某段的水质预测研究中，在精度得到提高的同时，与普通人工神经网络法相比更加符合实情，并为水质预测深入研究提供了新的出发点。

水质预测方法在进行模拟预测过程中所依据的理论独具特点，根据这种不同将水质预测方法分为以下几种，其基本概念简要介绍如下。

（1）数理统计预测方法：单因素预测，以已有水质监测数据为基础，对水环境质量的变化情况进行预测，对水质监测数据的准确度要求十分苛刻；多因素综合预测，数据需要样本量较大，类别较多、因素相互关系复杂、模型表征与建立机理繁杂，对于较多因素的综合预测困难度较大。

（2）灰色系统理论预测法：主要的核心思想即将无规律转化为有规律，主要的实现方式是通过时间序列拟合，在实现过程中需要严格按照一定的规律，最终使用得到的GM（n，h）模型对水环境质量进行预测。优点是原始资料要求不严格；缺点是只有在原始数据变化规律为指数型或趋于指数要求时，模型预测的精度才会较高，原始数据须呈指数规律变化。

（3）神经网络模型预测法：主要是根据人脑或神经网络中复杂的网络系统的基本特点进行抽象化与模拟，ANN基本组成单元为人工神经元。其优势为类似于大脑运行的高维度、自我组织与协调性突出，并且具有较为先进的学习能力，在水质预测的研究领域具有很好的前景。

（4）水质模拟模型预测法：在水质模拟模型的实际应用中，往往需要根据具体的水体情况选择合适维数的水质模型。零维、一维、二维和三维模型也分别具有它们自身的适用条件。应对越来越复杂的水体环境，水质预测模型也时刻在进步，主要表现为确定性到不确定性、低维度到高维度的变化，并且在不断的应用与改进中得到完善。

（5）混沌理论预测法：该方法是基于河流水质系统复杂性、动态多变性、影响因素冗杂，无法适用简单的水质模型进行预测的需求，以混沌理论相空间重构思想对水质进行模拟和计算。

1.2.2 GIS支持下的水质预警系统研究进展

自20世纪60年代以来，随着突发性水污染事故的增加，水质监控预警方法研究得到了广泛的重视，许多发达国家开发了具有针对性的水质监控预警系统，并在水环境保护与治理中发挥了重要作用。早在20世纪五六十年代，一些污染严重的河流，如莱茵河、鲁尔河、密西西比河、多瑙河等，就已经通过利用水质监控预警系统结合GIS数据库技术、制图技术和可视化定位展示技术，开展了流域水质保护工作并取得良好的效果。

为保护莱茵河水环境，预防突发性水污染事故发生，莱茵河国际委员会（ICPR）于1986年安装了水质监控预警系统，对污染事故进行预警的同时还兼具调查由工业排污或者船泊泄露引起的水污染事件功能。由于该系统实现了对水质状况的连续监测，那些未报告的污染泄漏事故可以通过水质模型或者其他相关的方法推导追踪溯源。该系统将9个国家紧密地联系在一起，共同管理保护莱茵河水质安全，同时该系统也有效结合了GIS数据管理、空间查询和互动地图技术，世界各国的人们都可以从其网站上获取水质监测和污染事件相关的数据和研究报告信息。

2000年12月，欧盟各成员国实施了《欧盟水框架指令》，旨在为欧洲提供一个水环境保护框架，欧盟各国主要的河流包括莱茵河、塞纳河、多瑙河等都在该框架下开展了广泛的水质保护研究，其中就包括对水质预警技术的研发和应用。在该框架之下，2009年成立了一个专门的GIS工作组（GIS-WG），目的在于更好地使用GIS为水环境保护提供服务。该工作组开展了一系列的研究工作，包括空间基础数据、水质监测网络、数据模型及管理系统研发等。

20世纪90年代末，美国俄亥俄河开发了水质预警系统。该系统由三部分组成：①用于确定河流中污染物现状的分析模块；②用于计算污染物在水体中传播路径及污染物浓度分布的分析模块；③污染泄漏在河流中扩散时的信息传播机制功能模块。该系统运用了WASP模型对水污染进行模拟分析，同时运用ArcView相关的功能对水质监测站和水污染相关的数据进行处理和可视化分析。

美国自“9·11”事件后，因担心饮用水源地成为恐怖犯罪的袭击目标，檀香山市供水协会委托夏威夷大学自2002年年底开始，开展建立和实施针对恐怖分子袭击、犯罪分子恶意投毒或事故性饮用水污染的监测预警系统的研究计划。美国对全国8000多个水源供水系统进行易损性评价并制定了对策计划，加入了突发性污染事故风险管理方面的内容。沿河各州政府、环保局及海事部门等联合制定了可操作性强、内容翔实的突发性水污染事故应急计划。美国水源地的早期预警系统（EWS）能够提供监测数据反馈、实时数据导向以及反应和保障决策，为供水部门及应急人员构建了掌握突发水污染事故信息的决策平台。其中GIS的功能在数据采集、数据处理、空间信息查询和地图可视化方面都提供了强有力的支持。Peng等人于2010年研究了GIS技术和WASP模型进行集成的方法，构建了水动力水质分析系统，并且应用到美国马萨诸塞州查尔斯河流域的水质分析中以演示集成过程，详细讨论了GIS在与WASP和EFDC模型的耦合支持下各个层面的作用和结合方法，但是该模型与GIS集成后的运行是独立模式的，不能很好地利用分布式资源。

总体上国外利用GIS技术研究水质预警系统起步较早，也相对比较成熟。目前欧美国家主要的河流，涉及排污口和风险源管理的都建设有监测预警信息系统，结合GIS的数据管理能力、制图能力和可视化展示能力，取得了较好的应用效果，但在

GIS 和分布式系统结合构建综合预警系统方面，仍然有待进一步研究。

我国的环境监测预警系统研究与应用始于 20 世纪 90 年代中期，比较有代表性的是陈国阶等人对环境预警的研究与应用，并提出了状态预警和趋势预警的概念。此后水质预警预报系统得到了迅速发展和大量使用，2000 年以后已经成为水环境管理和控制的重要组成部分。

丁贤荣等人（2003）根据水污染事故发生、发展具有诸多时空和污染源类型不确定性的特点，以及污染事故控制与处理的时效性和最大限度减少损失的原则，采用弹性组织出事现场信息的方法，分析污染事故的基本状况，实现河流水污染突发事故影响状况的高效模拟。将 GIS 与水污染模型技术相结合，开发了适合长江三峡水环境决策管理的水污染事故模拟子系统，系统可反映污染事件造成的水污染状况及其时空变化过程。

2005 年，松花江特大水污染事件发生之后，国内学者开始纷纷投入对预警系统的研究。

辽河流域研制开发的水质预警预报系统由水质信息采集模块、水环境信息查询模块、信息传输及网络系统模块、运行管理决策支持模块组成。

李佳等人（2008）开展了钱塘江水质预警预报系统研究。基于流场和水质模型及 GIS 理论，在 Visual Studio. Net 2005 环境下，采用 Mapinfo 控件 MapX 和 C#.net 进行二次开发。该水质预警预报系统可实现污染物迁移扩散的常规预报和污染物突发事件的模拟，实现模拟结果在系统中的实时动态可视化。王剑利等人（2008）从水质模型的应用现状和存在的问题出发，总结了 GIS 与水质预测模型的几种不同集成方式，并基于客户端 / 服务器模式构建了三峡库区水环境安全预警决策系统，实现了 GIS 与水质预测模型之间的半紧密式集成，最终实现了水质模拟运算结果在 GIS 上的可视化，使水质预测模型的计算结果得到更形象的表达。吴迪军等（2009）提出了一种适用于河流突发性水污染应急处理的工程化模型，采用四点隐式差分格式进行模型的数值求解，并在 ArcGIS 平台上实现了污染计算结果的实时动态可视化，最后，通过实例验证了该模型在公共安全应急平台中应用的有效性和合理性，但是水质模型与 GIS 没有一体化集成。陈蓓青等人（2010）采用组件式 GIS 技术，基于 ArcEngine 开发包，结合突发性水污染事件应急管理体系对水质模型的业务需求，探讨了在空间数据库的支持下，构建基于 GIS 技术的突发性水污染应急响应系统的主要内容及方法，为 GIS 技术更好地应用于水资源管理，最大限度地减少水污染造成的危害提供技术支持。

侯嵩（2010）基于 GIS 建立了跨界重大污染事件预警系统。系统的整体设计分为三个部分：预警地图制作、地图操作控制和数据管理维护，使用 ArcMap 完成预警专题地图的制作，为后期地图的网络发布提供了便利；利用 ArcIMS 网络发布组件的工具定制功能，按照系统自身特点和特殊需求，自行定制了地图操作控制的工具；设计并实现了跨界重大水污染事故地理空间数据库，利用 ArcSDE 作为中间件，实现矢量数据在 ORACLE 数据库中的传输。黄瑞等人（2013）以东北某大型水库入库河流苏子河为例，围绕基础环境信息管理、污染源追溯、事故预警模拟、事故应急处理等展开关键技术研究，根据苏子河流域特征构建了水动力、水质数学模型库，研究建立了污染源信息反演技术，采用 Microsoft Visual basic（VB）结合 MapX 技术、动态演示技术实现水污染事故水质变化的时间域与空间域的可视化展示。系统可为苏子河流域突发水污染事故的应急处理提供技术支撑。Rui 等人（2015）利用 GIS 技术耦合水动力模型和水质模型，采用 C# 语言将 Fortran 语言的水动力水质模型和 GIS 以动态链接库的方式进行链接，构建了水污染预警应急系统，实现了水环境数据的空间数据库存储、空间查询和三维可视化等功能，并且成功应用到长江流域的向家坝区域。

从上述研究成果来看，这些系统中的模型计算都是单服务器运行模式，不能动态扩展服务器，不能实现分布式的服务器资源调用，以增强模型的并行多模型模拟方案运行能力，实现水质模型模拟预测的分布式计算。

1.2.3 寒冷地区水质预警预测研究进展

河流封冻是寒冷地区一种常见的自然现象。在中国，北纬 30° 以北的地区以及青藏高原区每年冬季都有可能出现封冻现象，纬度越高封冻的可能性越大，封冻期也越长，特别在东北地区，河流的封冻期甚至长达 5 个月左右。河流封冻会给人类的生产生活造成诸多不利影响，如河流航运功能丧失、冰塞或冰坝造成冰凌洪水、水工建筑物冻胀破坏等。事实上，由于冰盖的影响，封冻河流的水质特征、混合能力、输移扩散特性等均发生了较大改变。

目前国外一些学者对冰封河道的溶解氧变化规律进行了研究。Chambers 等人（2000）采用一维稳态水质模型对加拿大北河流域纸浆厂和城市排污在冰封时期对流域水质的影响进行了研究，详细分析了不同温度下冰下溶解氧在河流不同空间位置的变化情况，在研究的过程中没有使用水动力学模型对水流情况进行模拟。Prowse 等人（2001）分析总结了寒冷地区冰封对水体中侵蚀和沉淀过程的影响，进而探讨对溶解氧变化过程的影响，研究中并没有构建水质模型和水动力模型对河流的水质产生的具体影响进行分析，仅总结了前人的研究成果，同时比较和讨论了河流冰封对生物条件产生的影响。Neto 等人（2007）通过人工曝气技术增加污水中的氧气含量对河流水质产生的影响，来研究冰封和非冰封情况下纸浆厂污水排放时，河流中溶解氧的变化情况。研究中利用了水动力模型和水质模型分析了人工曝气对河流水质在河流横向二维上空间变化的情况。该研究对于分析冰封期和非冰封期条件下，污水处理厂排污水体中的溶解氧变化具有重要参考价值。Martin 等人（2013）利用 CE-QUAL-W2 模型研究了加拿大北河流域亚大巴斯卡河冬季的溶解氧的变化情况，分析中结合了水动力模型和水质模型，采用了二维模型进行分析，并且确定了水动力、气温、NH_3-N、硝酸盐和亚硝酸盐、磷酸盐和浮游藻类植物等相关参数。

在国内，通过水动力水质模型对冰封期水体水质进行模拟的研究成果非常少。孙少晨等人（2012）根据流域特点建立了松花江干流非冰封期及冰封期水动力水质耦合一维模型。首先利用多年实测水文、水质资料，构建了非冰封期数值模型，模型中涉及的纵向扩散系数、污染物衰减系数等重要参数采用实地监测和模型率定相结合的方法来确定，并利用监测结果分析了 Fischer、Elder 两种纵向扩散系数经验公式在松花江的适用性。在此基础上，根据冰封期水力要素及水文监测特点，对模型进行改进，建立了适合于该地区的冰封期水动力水质模型。王志刚（2013）根据冰封河流的阻力特征和水流特性建立了适用于冰封河流的一维水流 - 水质模型，用于揭示牡丹江城市江段冰封期的水质特征和混合特性，并在此分析基础上研究了点源污染减排、排污口布置、背景浓度控制及上游来水流量调节等措施对牡丹江城市江段水质的影响。

相对于欧美等发达国家，我国对北方寒冷地区河流冰封期和非冰封期水动力与水质过程的对比研究，以及构建适用的水动力 - 水质模型研究方面仍需要加强。冰封期与非冰封期河道的水动力过程与污染物迁移转化过程有哪些差异，造成这些差异的原因是什么，主要的影响因素或指标有哪些，这些问题都非常值得研究。因此，对我国北方寒冷地区河流（湖、库）水质，特别是冰封期水质进行模拟就显得特别有意义。通过构建符合我国北方寒冷地区季节性冰封水体的水动力水质模型，可以更好地为这些地区的水环境管理与治理服务。

第2章 环境问题及成因分析

2.1 牡丹江流域概况

2.1.1 区域气象水文条件

牡丹江流域位于我国气候区域东北区的松嫩副区，气候类型属于寒温带大陆性季风气候，季节变化明显，根据牡丹江气象监测站（北纬 44.57°、东经 129.6°，海拔高度为 241.4m）实测资料可知，牡丹江城市江段的气温和降水量变化规律较为一致，7 月、8 月两月气温较高，最高月平均温度达到 21℃以上，此时降水也较多，最大月平均降水量达到 123.8mm；而在 1 月左右，气温较低，最低月平均气温下降到了 –17.7℃，此时降水量也最少，月平均降水量 5.4mm（图 2-1）。通常在 11 月下旬至翌年 4 月为土壤冻结期，长达 150d 左右，冻结深度一般在 1.8 ~ 1.9m，最深达 2.4m，并在局部有永冻层存在。因此，冬季土壤中冻结的水失去势能，无流动和淋溶能力。

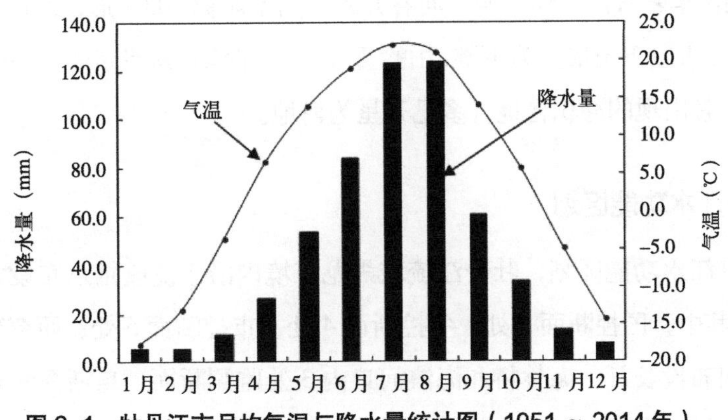

图 2-1 牡丹江市月均气温与降水量统计图（1951 ~ 2014 年）

2.1.2 流域水系及水文特征

牡丹江为松花江第二大支流，发源于吉林省长白山的牡丹岭。河流呈南北走向，全长 726km，河宽 100 ~ 300m，水深 1.0 ~ 5.0m，总落差 1007m，平均坡降为 1.39‰。

每年11月中旬至翌年4月中旬为结冰期。牡丹江流域分属黑龙江、吉林两省，流域总面积为37023km^2，其中黑龙江省境内流域面积28543km^2，占总面积的77%。自南向北流经吉林省的敦化市，黑龙江省的宁安、海林、牡丹江、林口、依兰等市县，最后于依兰县城西流入松花江。牡丹江河口处多年平均流量为258.5m^3/s，多年平均径流量为52.6亿m^3，最大径流量为149亿m^3，约占松花江水系总径流量的10%。

牡丹江干流沿程纳入较大支流7条，牡丹江市以上有沙河、珠尔多河、蛤蟆河、海浪河；牡丹江市以下有五虎林河、三道河、乌斯浑河。牡丹江的最大支流是海浪河，全长218km，流域面积5251km^2，占总流域面积的1/7，多年平均径流量占牡丹江水系径流量的20%～30%。

流域内多年平均降水量自上游向下游递减，变化在500～750mm，年内降水分布不均，主要集中在夏季，6～9月降水量占全年的70%以上，冬季11月至翌年3月降水量很少，仅为全年的15%左右。

牡丹江流域干流多年平均径流深变化不大，上游大而下游小，径流深为227～267mm，年径流变差系数C_V值0.30～0.40。支流的径流深为左岸大于右岸，海浪河上游多年平均径流深为317～391mm，年径流变差系数C_V值0.35～0.40。

牡丹江两岸支流分布较为均匀，水系呈树枝状，支流多数短而湍急。自牡丹江市以下，左岸支流与主干多呈直角汇入。

牡丹江镜泊湖以上为上游，属中高山区，敦化附近为较宽阔的谷地，敦化以下河谷狭窄；镜泊湖至牡丹江市为中游，河谷开阔，为不对称“U”形，两岸是较平缓的丘陵地带；牡丹江市以下至依兰为下游，山岭重叠，河谷深切，两岸多陡壁，相对高度较大，河谷两岸有交替出现的冲积台地，多已开垦为耕地。

2.1.3 牡丹江水功能区划

根据牡丹江水功能区划，牡丹江流域黑龙江境内沿干流段重点布设常规水质监测断面15处。其中，国控断面5处、省控断面4处、市控断面5处、研究断面1处。重要支流海浪河布设长汀、海林桥和海浪河口内3处监测断面，乌斯浑河布设东关和龙爪2处监测断面。桦林大桥曾作为研究断面进行过布设。石岩电站下游附近曾设监测断面，后来取消。各监测断面基本信息见图2-2、表2-1。

2.1.4 水资源开发现状

根据《牡丹江市水务发展“十二五”规划》(2010年)，牡丹江流域大部分为山区，

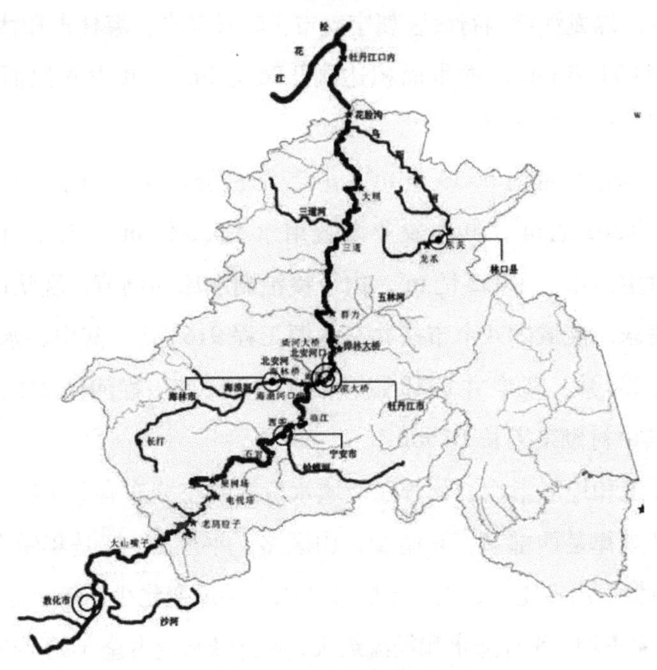

图 2-2　牡丹江流域水质监测断面示意图

牡丹江流域水功能区划表　　　　表 2-1

序号	站名	断面性质	水域名称	断面含义	水功能区类别
1	大山咀子	省控	牡丹江干流	吉林省出境断面，代表吉林省来水水质	Ⅲ
2	老鸹砬子	国控	镜泊湖	入镜泊湖水质	Ⅲ
3	电视塔	国控		镜泊湖水质	Ⅱ
4	果树场	国控		镜泊湖出库水质	Ⅱ
5	西阁	市控	牡丹江干流	西阁水源地水质	Ⅲ
6	温春大桥	市控		牡丹江市区来水水质	Ⅲ
7	海浪	省控		海浪河与牡丹江混合水质	Ⅲ
8	江滨大桥	省控		工业用水控制断面	Ⅲ
9	桦林大桥	研究		北安河与牡丹江混合水质	Ⅲ
10	柴河大桥	国控		牡丹江市区出水水质	Ⅲ
11	群力	市控	莲花水库	莲花湖来水水质	Ⅱ
12	三道	市控		莲花湖水质	Ⅱ
13	大坝	市控		莲花湖出库水质	Ⅱ
14	花脸沟	省控	牡丹江干流	牡丹江市出境水质	Ⅲ
15	牡丹江口内	国控		牡丹江入松花江	Ⅲ
16	长汀	研究	海浪河	海浪河上游水质	Ⅱ
17	海浪河口内	省控	海浪河	海浪河入牡丹江水质	Ⅲ
18	龙爪	市控	乌斯浑河	入林口县城区水质	Ⅱ
19	东关	市控	乌斯浑河	出林口县城区水质	Ⅲ
20	石岩	市控	牡丹江干流	石岩电站出流水质	Ⅲ
21	海林桥	市控	海浪河	海浪市水源地水质	Ⅱ

森林覆盖率 75%。黑龙江境内行政区属宁安市、牡丹江市、海林市和林口县 4 个市县。现有耕地面积 44.71 万 hm^2，灌溉面积达到 3.86 万 hm^2，其中水田面积 3.33 万 hm^2，旱田节水灌溉面积 0.53 万 hm^2。

流域多年平均径流量为 66.19 亿 m^3，p=75% 径流量 45.31 亿 m^3。工农业及城镇、农村总用水量 10.307 亿 m^3，其中农业灌溉用水 4.533 亿 m^3，工业用水 4.722 亿 m^3，城镇生活及农村生活用水 1.052 亿 m^3，由于镜泊湖水库的调节，现状供水能力基本满足各行业用水需求。流域内 4 个市县共有水源工程 9163 处，其中，水库 34 座、塘坝 127 座、蓄水池 203 座、机电井 8410 眼、抽水站 134 座、拦河坝 255 座；流域内渠道长 2399.8km，其中衬砌渠道长 107km。

因受大气环流和地形影响，牡丹江流域水资源时空分布有 3 个特点。一是地域分布差异明显，其规律是西部多、东南少，山区多、平原少；二是年际变化大，新中国成立以来总的趋势是由多变少，山区年际变化大，平原变化少，年际变化大小在 3 ~ 4 倍；三是年内分配不均，8 月降水和径流最大，8 月降水量占全年的 24%。

2.1.5 人口与社会经济

2014 年牡丹江流域（黑龙江省境内，包括宁安市、牡丹江市、海林市和林口县 4 个市县）户籍人口为 206.5 万人。其中，牡丹江市区人口 88.94 万人，海林市人口 39.8 万人，宁安市人口 42.75 万人，林口县人口 35.76 万人。2014 年，4 个市县地区生产总值为 803.7 亿元（按当年价格计算），其中，牡丹江市区 318.6 亿元，海林市 198.2 亿元，宁安市 188.4 亿元，林口县 98.5 亿元。从产业结构来看，第一、二、三产业比重分别为 17.73%、40.21% 和 42.06%。

牡丹江市为黑龙江省第四大城市，从 2011 ~ 2014 年牡丹江国民生产总值在全省的位置来看，2012 年开始，牡丹江排名降低 1 位，但是 GDP 与第 4 名的绥化相差不大。从污染物排放量上来看，废水排放量、COD 排放量和氨氮排放量的位置与 GDP 排名持平或者低 1 ~ 2 位，说明牡丹江经济在全省的地位还是比较靠前的，其排放水平与经济发展相当。

2.2 环境监测、预警能力现状及问题分析

2.2.1 河湖水环境监测站网概况

牡丹江水环境监测方案、主要污染源监测方案是由牡丹江所流经的各级行政区域的地方政府发布的，由地方环境保护局责成地方环境监测站执行。牡丹江水系黑龙江

省境内主要行政区域为宁安市、牡丹江市、海林市、林口县和依兰县。目前，牡丹江流域（黑龙江省境内）共布设常规水质监测断面 19 处，基本覆盖了流域干流及主要支流重要节点，基本满足流域水环境监测监控和评价要求，能够为水环境管理提供数据支撑。此外，为准确、及时地掌握牡丹江流域水生生态环境质量状况，从 2014 年起在流域内设置 31 个水生生物监测断面，其中，有 28 处位于黑龙江省境内，基本覆盖了牡丹江流域干支流各重要节点。然而，随着近年来地区人口与经济社会的发展，在一些未布设水质监测断面的较大支流流域内，人类活动对水环境的影响日益凸显，对牡丹江干流水质的影响也无法忽视。

2.2.2 入河排污口监测能力建设概况

根据有关统计资料，2009 年前后，牡丹江沿江共有大小 22 个排污口，其中排入牡丹江干流的排污口 19 个，排入支流海浪河的排污口 2 个，排入支流乌斯浑河的排污口 1 个。各排污口分别接纳宁安市、海林市、牡丹江市区和林口县 4 个县（市）的生活污水和工业废水。22 个排污口中，设有水质监测点的主要排污口有 16 处。近年来，随着地方政府对流域水污染治理力度的加大，这些排污口的排污情况有所变化，有些排污口污水停止排放，有些排污口污水并入了市政管网并经处理后排入河道，同时也新增了一些排污口。截止到 2014 年，主要排污口减少到了 13 个，其中宁安市 4 个，牡丹江市区 5 个，海林市 3 个，林口县 1 个。各排污口每季度监测一次，分别在 2 月、5 月、8 月和 10 月进行，满足“列为国家、流域或省级年度重点监测入河排污口，每年不少于 4 次”的相关规定，监测项目为化学需氧量和氨氮。

从监测的排污口排污量来看，2014 年入牡丹江的污水排放量为 6177.48 万 t，而该年度全市污水排放总量为 8512.8 万 t。如果扣除穆棱市、东宁市和绥芬河市的污水排放量，初步估算，目前沿江布设的排污口监测断面能够控制牡丹江流域 80% 以上的污水排放量，能较全面、真实地反映牡丹江流域污水排放总量和入河排放规律，满足对入河排污口监测断面布设的要求。近年来，牡丹江沿岸城市加大了排污口综合整治力度，原来部分直排的污染企业纳入市政污水管网，经处理后再排入牡丹江干支流，此外，还有部分直排企业也已停产，取消水质监测。综合来看，目前的入河排污口监测断面布设现状能够满足监控要求，因此无须再新增监测断面。

2.2.3 预警能力分析

国外水环境预警系统研究起步较早，其构建思路已相对较为成熟。德国多瑙河、奥地利莱茵河、美国密西西比河、英国泰恩河、法国塞纳河都开展了水环境预警研究，以应对突发性污染事故。德国、匈牙利、奥地利等几个欧洲国家共同研究了“多瑙河事故应急预警系统”，纳入了沿岸各国的警报中心PIAC、PIAC间的信息传输系统，还纳入了各国的学术研究机构作为支撑，该系统建成后，在多瑙河流域水质趋势变化、保障周边水质安全方面发挥了巨大作用。

我国随着经济的发展，水环境安全问题也日益凸显，突发性流域水污染事件的频繁发生，警示我们应进行新型的流域水环境管理，亟须开展预警能力建设，各地开始积极探索建立重要流域的水质监测预警系统，长江流域、辽河流域、鄱阳湖、滇池等地都构建了预警体系。水质监测预警系统大致可分为湖库型的预警体系和流域、河网、河流的预警体系。基于水环境安全研究，太湖的水环境监控预警系统、三峡库区水环境安全预警平台和多中心多指标的区域水环境污染预警系统等已经建立。我国辽河、桂江、汉江等流域已建成水质预警系统，河网区的水环境预警方法体系、流域生态系统预警管理整体框架、流域水环境预警与管理系统等预警方面的研究正逐步完善预警系统的数字化信息。

目前，牡丹江流域尚未建立流域层面的监控预警体系，各相关技术处于条块分割状态，设备相对落后，牡丹江流域的水质自动监测能力以及信息自动化建设水平较低，全流域水系水质监测断面均为人工监测，没有设置水质自动监测站，另外，还存在一些未布设水质监测断面的较大支流，这些地区由于缺少水质监测数据支撑，水质评价工作无法进行，水环境监管缺少依据，监管预警能力较为薄弱甚至存在盲区。政府决策部门对水环境污染难以有效预防、监控和治理，缺乏适合牡丹江流域的业务化运行的监测预警平台，无法在技术层面上科学地指导牡丹江流域水环境管理，无法满足牡丹江流域环境监管的需求。如果发生突发性污染事件，管理者很难在第一时间发现污染事故并进行处置，进而可能会造成严重的后果。

2.3 排污口污水排放特征分析

2.3.1 牡丹江入江排污口分布

目前，牡丹江沿江主要排污口有13个，其中宁安市段4个，牡丹江市区段5个，海林市3个，林口县1个，分别是：镜泊湖农业排污口；东京城镇总排污口；渤海镇排污口；宁安城市污水处理厂；牡丹江富通汽车空调有限公司（富通空调）；牡丹江恒丰纸业集团有限责任公司(恒丰纸业)；牡丹江市污水处理厂；北安河口；桦林镇生活；柴河镇生活；

海林市柴河林海纸业有限公司排污口；海林市污水处理厂（排入海浪河）；林口县总排污口（排入乌斯浑河）。

2.3.2 排污现状分析

搜集 2014 年牡丹江沿江主要排污口排污监测数据（包括化学需氧量和氨氮两项指标），并对污染物浓度变化范围、污水排放量贡献率、污染物排放量贡献率等进行了统计分析，见表 2-2、图 2-3 ~ 图 2-6。从图 2-3 和图 2-4 可以看出，除北安河口化学需氧量和氨氮浓度的最大值和最小值与平均值偏离度较大外，其余排污口的污染物浓度值变化范围较小，其主要原因是北安河口污水来源比较多，成分复杂，导致浓度变化比较大；而其他排污口的污染来源相对单一，污染物浓度相对稳定。

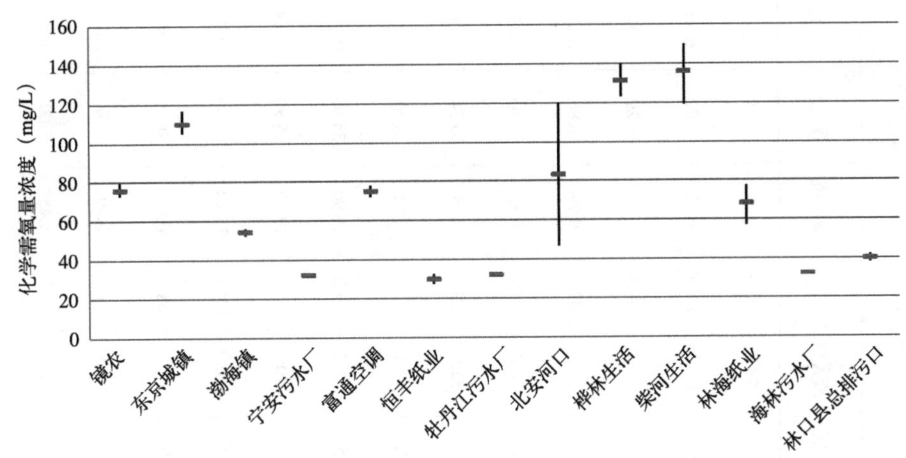

图 2-3　2014 年各排污口化学需氧量变幅统计图

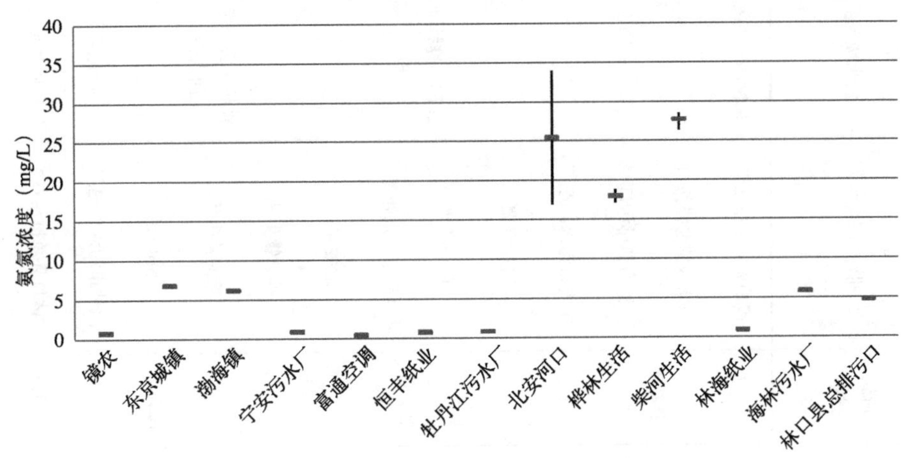

图 2-4　2014 年各排污口氨氮变幅统计图

2014 年牡丹江沿江主要排污口排污特征分析

表 2-2

序号	所属城市	排污口名称	排放水域范围	化学需氧量（mg/L）			氨氮（mg/L）			污水排放量	污水排放量贡献率	污染物排放量（t）		污染物排放量贡献率（%）	
				最小值	最大值	均值	最小值	最大值	均值	万 t/ 年	%	化学需氧量	氨氮	化学需氧量	氨氮
1	宁安市	镜泊湖农业排污口	果树场—西阁	72.8	79.7	75.9	0.69	0.74	0.72	53.7	0.87	40.76	0.39	1.78	0.25
2		东京城镇总排污口	西阁—临江	105.0	117.0	110.0	6.52	7.07	6.80	58.3	0.94	64.11	3.96	2.80	2.56
3		渤海镇排污口		52.4	56.2	54.4	5.89	6.29	6.17	56.5	0.91	30.74	3.49	1.34	2.25
4		宁安市污水处理厂		31.1	33.3	32.3	0.79	0.86	0.83	622.2	10.07	200.96	5.16	8.76	3.33
5	牡丹江市区	富通空调	江滨—桦林大桥	72.0	78.2	75.1	0.35	0.40	0.37	3.0	0.05	2.25	0.01	0.10	0.01
6		恒丰纸业		27.5	32.6	29.9	0.69	0.74	0.71	299.7	4.85	89.60	2.13	3.91	1.37
7		牡丹江市污水处理厂		31.8	33.3	32.3	0.74	0.80	0.78	3633.0	58.81	1173.46	28.34	51.17	18.29
8		北安河口		46.5	120.0	83.3	16.90	34.00	25.45	147.6	2.39	122.95	37.56	5.36	24.25
9	海林市	桦林镇生活	桦林大桥—柴河大桥	123.0	140.0	131.3	17.10	18.80	17.98	19.4	0.31	25.50	3.49	1.11	2.25
10		柴河镇生活		119.0	150.0	136.0	26.40	28.50	27.73	35.9	0.58	48.81	9.95	2.13	6.42
11		林海纸业		56.9	77.4	68.3	0.83	0.91	0.87	124.0	2.01	84.69	1.08	3.69	0.70
12		海林市污水处理厂	海浪河	31.8	33.3	32.4	5.60	5.92	5.81	540.0	8.74	174.96	31.37	7.63	20.25
13	林口县	林口县总排污口	乌斯浑河	37.7	42.1	40.1	4.45	5.00	4.79	584.3	9.46	234.29	27.99	10.22	18.06
总计										6177.5	100	2293.07	154.92	100	100

2.3.2.1　污水排放量

从表 2-2 和图 2-5 可知，牡丹江市污水处理厂排污口是该单元最大的排污口，污水排放量占各排污口污水排放总量的 58.81%。牡丹江市污水处理厂主要接纳和处理牡丹江市区的生活污水，处理后的生活污水排放量占该排污口废水排放量的 99%。污水排放量较大的排污口还有宁安市污水处理厂、海林市污水处理厂以及林口县排口，这 3 个县市的污水排放量分别占总排放量的 10.07%、8.74% 和 9.46%。恒丰纸业排污口为工业排污口，污水排放量占总排放量的 4.85%，虽然废水排放量较大，但是污染物浓度较低，基本属于达标排放。北安河口的污水排放量虽然仅占到总排放量的 2.39%，但由于其污染物浓度较高，造成污染物排放量贡献率大大高于其他排污口（表 2-2）。除上述各排污口外，其余排污口污水排放量较少，均不足总排放量的 1%。

2.3.2.2　污染物排放量

从表 2-2 和图 2-6 可知，牡丹江各排污口中，化学需氧量排放最大的是牡丹江污水处理厂，其贡献率达 51.17%；其次为林口县排污口、宁安市污水处理厂和海林市污水处理厂，贡献率分别为 10.22%、8.76% 和 7.63%；北安河口、恒丰纸业和林海纸业又次之，贡献率分别为 5.36%、3.91% 和 3.69%；其余排污口贡献率较小。从表 2-2 和图 2-7 可以看出，氨氮排放最大的是北安河口，贡献率为 24.25%；其次贡献率较高的有海林市污水处理厂、牡丹江市污水处理厂和林口县排污口，贡献率分别为 20.25%、18.29% 和 18.06%；柴河镇生活和宁安市污水处理厂又次之，贡献率分别为 6.42%、3.33%；其余排污口贡献率较小。

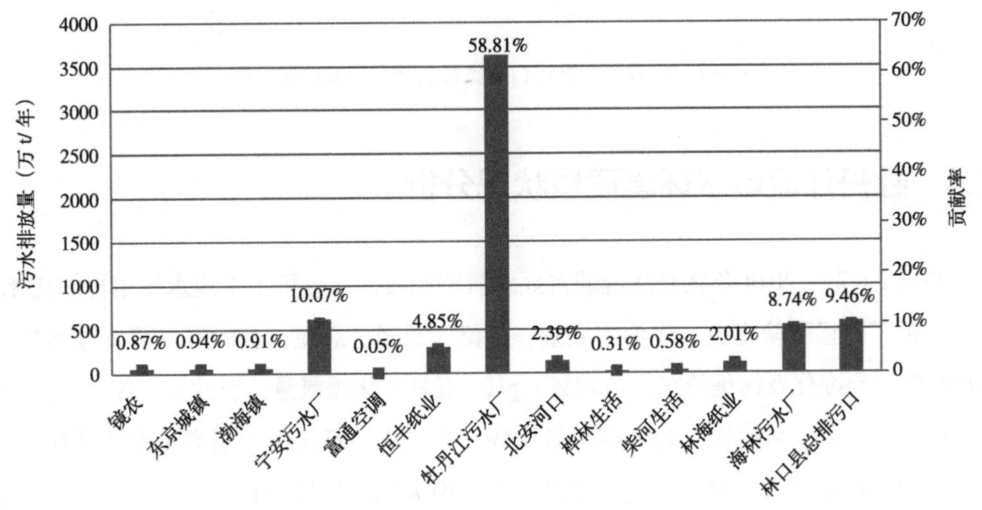

图 2-5　牡丹江各排污口污水排放量及贡献率统计图

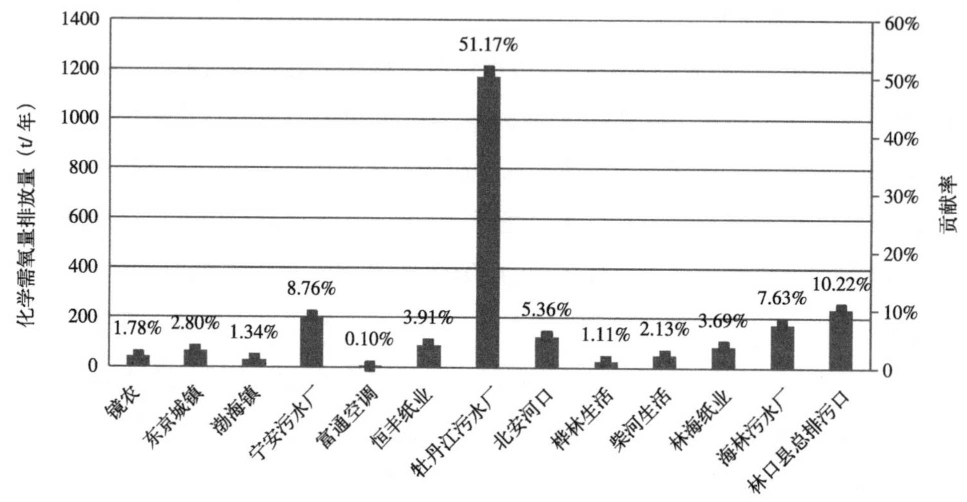

图 2-6　牡丹江各排污口化学需氧量排放量及贡献率统计图

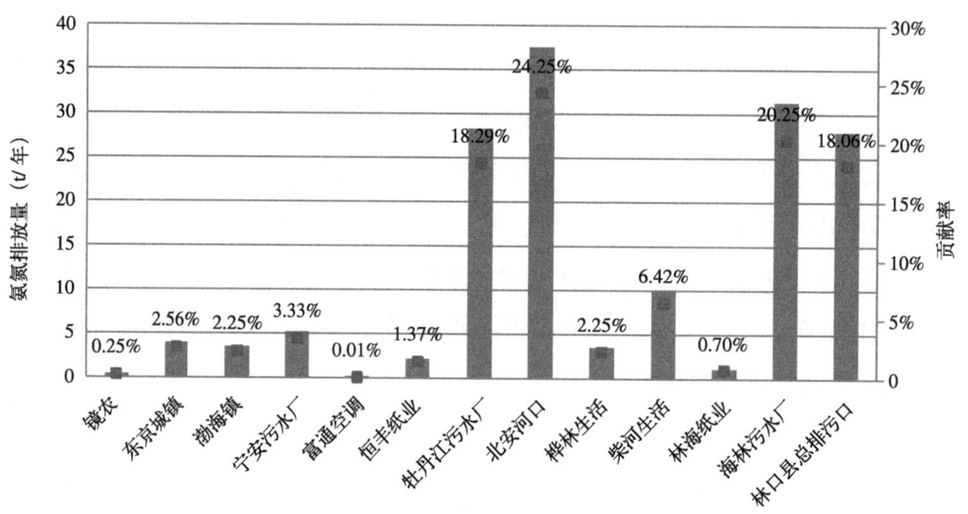

图 2-7　牡丹江各排污口氨氮排放量及贡献率统计图

2.4　牡丹江流域水环境质量状况分析

利用 2012 ~ 2014 年牡丹江流域常规水质监测数据，分析了常规水质指标的变化，重点分析了高锰酸盐指数、化学需氧量、氨氮、总磷、总氮、粪大肠菌群 6 项水质监测指标的时空变化及污染特征。溶解氧、pH、五日生化需氧量、石油类、挥发酚、铜、铅、锌、镉、汞、六价铬、砷、硒、氰化物、硫化物、氟化物、阴离子表面活性剂等水质监测指标除个别监测日期超过Ⅲ类水外，绝大部分均优于Ⅲ类水，且多数达到了Ⅰ类水标准，满足水功能区水质要求，不再做具体分析。

2.4.1 常规水质

根据 2012 ~ 2014 年常规水质监测数据，进行断面单项污染指数评价、水环境功能区达标评价、有机污染综合指数水质评价，计算各断面污染分担率、污染负荷比，进而分析牡丹江水环境污染特征。

2.4.1.1　水质评价方法

（1）单项污染指数评价法

采用单项污染指数评价法对牡丹江丰水期、平水期、枯水期水质现状进行评价，给出超标项目。

（2）功能区达标评价法

根据水质现状监测结果和《黑龙江省地表水功能区标准》DB 23/T740—2003 要求，结合单项污染指数评价结果，进行水环境功能区达标评价。评价方法参考《地表水资源质量评价技术规程》SL 395—2007。

（3）有机污染综合指数水质评价法

由于牡丹江是以有机物污染为主的河流，采用有机污染综合指数评价法，评价各种有机污染物指标（溶解氧、高锰酸盐指数、五日生化需氧量、氨氮）对河流水质的共同影响。

有机污染综合指数评价法是针对水体有机污染的一种综合评价方法，它根据溶解氧、氨氮、高锰酸盐指数、五日生化需氧量这 4 项指标的等标污染指数的和来判断水质的综合指标。其计算方法见式（2-1）。

$$A=\frac{BOD_i}{BOD_0}+\frac{COD_i}{COD_0}+\frac{NH_3\text{-}N_i}{NH_3\text{-}N_0}-\frac{DO_i}{DO_0} \tag{2-1}$$

式中，BOD_i 为五日生化需氧量浓度实测值；COD_i 为高锰酸盐指数浓度实测值；$NH_3\text{-}N_i$ 为氨氮浓度实测值；DO_i 为溶解氧浓度实测值；BOD_0、COD_0、$NH_3\text{-}N_0$、DO_0 分别为上述水质指标评价标准。各变量单位均为 mg/L。

由于溶解氧含量越高，水质越好，因此，上式中溶解氧前面为减号。由公式不难看出，假如取 III 类水标准上限值计算，得出 $A_{III}<2$，则说明有机污染总体上要优于 III 类水，即应该属于 III 类水，$A_{III}>2$，则说明有机污染总体上劣于 III 类水。对于取其他标准级别的上限值，含义类似。

根据牡丹江水质监测结果，对牡丹江丰水期、平水期、枯水期有机污染现状进行评价。如果 A 值越大，说明有机污染程度越重，反之则说明有机污染程度较轻。

（4）综合污染指数评价法

用综合污染指数法及污染分担率来计算和评价各断面的污染程度大小和污染年际变化，确定某断面的主要污染物。其计算方法见式（2-2）、式（2-3）。

$$P_j = \sum_{i=1}^{n} P_{ij} \tag{2-2}$$

$$P_{ij} = \frac{C_{ij}}{C_{i0}} \tag{2-3}$$

式中，P_j 为 j 断面的综合污染指数；P_{ij} 为 j 断面 i 项污染指标的污染指数；C_{i0} 为 i 项污染指标的评价标准值，mg/L；C_{ij} 为 j 断面 i 项污染指标的年均值，mg/L。

（5）污染分担率

污染分担率计算方法见式（2-4）。

$$K_j = \frac{P_{ij}}{P_j} \tag{2-4}$$

式中，K_j 为 i 污染物在 j 断面中诸污染物中的污染分担率。

（6）污染负荷比

污染负荷比计算方法见式（2-5）。

$$F_j = \frac{P_{ij}}{\sum_{j=1}^{m} P_j} \tag{2-5}$$

式中，F_j 为 j 断面的污染负荷比；m 为参与评价的断面数。

2.4.1.2 评价结果

（1）单项污染指数和水功能区达标评价

2012 ~ 2014 年牡丹江各水质监测断面单项污染指数和水功能区达标评价结果见表 2-3 ~表 2-5。

2012 年牡丹江流域各断面单项污染指数和功能区达标评价　　表 2-3

序号	断面名称	类型	水期	评价结果	功能区类别	超标项目
1	大山咀子	河道	丰水期	Ⅳ	Ⅲ	高锰酸盐指数、化学需氧量
			枯水期	Ⅲ		无
			平水期	Ⅳ		高锰酸盐指数、化学需氧量
2	老鹄砬子	水库	丰水期	Ⅳ		化学需氧量
			枯水期	Ⅲ		无
			平水期	Ⅳ		高锰酸盐指数、化学需氧量

续表

序号	断面名称	类型	水期	评价结果	功能区类别	超标项目
3	电视塔	水库	丰水期	Ⅳ	Ⅱ	高锰酸盐指数、化学需氧量、溶解氧、总磷
			枯水期	Ⅳ		总磷、高锰酸盐指数
			平水期	Ⅳ		化学需氧量、高锰酸盐指数、总磷
4	果树场	水库	丰水期	Ⅲ	Ⅱ	高锰酸盐指数、化学需氧量、总磷
			枯水期	Ⅳ		高锰酸盐指数、总磷
			平水期	Ⅲ		高锰酸盐指数、化学需氧量、总磷
5	西阁	河道	丰水期	Ⅲ	Ⅲ	无
			枯水期	Ⅲ		无
			平水期	Ⅲ		无
6	温春大桥	河道	丰水期	Ⅲ	Ⅲ	无
			枯水期	Ⅳ		化学需氧量
			平水期	Ⅲ		无
7	海浪河口内	河道	丰水期	Ⅲ	Ⅲ	无
			枯水期	Ⅳ		氨氮、总磷
			平水期	Ⅲ		无
8	海浪	河道	丰水期	Ⅲ	Ⅲ	无
			枯水期	Ⅲ		无
			平水期	Ⅲ		无
9	江滨大桥	河道	丰水期	Ⅲ	Ⅲ	无
			枯水期	Ⅳ		化学需氧量
			平水期	Ⅳ		化学需氧量
10	柴河大桥	河道	丰水期	Ⅳ	Ⅲ	化学需氧量
			枯水期	Ⅳ		氨氮
			平水期	Ⅲ		无
11	群力	水库	丰水期	Ⅴ	Ⅱ	化学需氧量、高锰酸盐指数、总磷
			枯水期	Ⅴ		高锰酸盐指数、氨氮、总磷
			平水期	Ⅴ		化学需氧量、高锰酸盐指数、氨氮、总磷
12	三道	水库	丰水期	Ⅳ	Ⅱ	化学需氧量、高锰酸盐指数、总磷
			枯水期	Ⅴ		高锰酸盐指数、总磷
			平水期	Ⅳ		化学需氧量、高锰酸盐指数、总磷
13	大坝	水库	丰水期	Ⅲ	Ⅱ	化学需氧量、高锰酸盐指数、总磷
			枯水期	Ⅳ		高锰酸盐指数、总磷
			平水期	Ⅲ		化学需氧量、高锰酸盐指数、总磷
14	花脸沟	河道	丰水期	Ⅲ	Ⅲ	无
			枯水期	Ⅲ		无
			平水期	Ⅲ		无

由表 2-3 可以看出，2012 年牡丹江河流段大部分断面多数水期的水质均能达到水环境功能区划的要求，大山咀子丰水期和平水期、温春大桥枯水期、海浪河口内枯水期、江滨大桥枯水期和平水期、柴河大桥丰水期和枯水期均出现超标因子，主要超标项目为化学需氧量；海浪河口内以氨氮和总磷为主。对于镜泊湖和莲花水库而言，各断面全年各水期大部分处于超标状态，多数处于Ⅳ类水状态，个别断面出现Ⅴ类水，如群力断面全年水质类别均为Ⅴ类水，三道断面枯水期也处于Ⅴ类水状态。

2013 年牡丹江流域各断面水质单项污染指数和功能区达标评价　　表 2-4

序号	断面名称	水期	水质评价	功能区类别	超标项目
1	大山咀子	丰水期	Ⅳ	Ⅲ	高锰酸盐指数、化学需氧量
		枯水期	Ⅱ		无
		平水期	Ⅳ		高锰酸盐指数、化学需氧量
2	老鹊砬子	丰水期	Ⅳ	Ⅲ	化学需氧量
		枯水期	Ⅲ		无
		平水期	Ⅲ		无
3	电视塔	丰水期	Ⅳ	Ⅱ	高锰酸盐指数、化学需氧量、总磷
		枯水期	Ⅲ		高锰酸盐指数、总磷
		平水期	Ⅳ		高锰酸盐指数、化学需氧量、总磷
4	果树场	丰水期	Ⅳ	Ⅱ	高锰酸盐指数、化学需氧量、总磷
		枯水期	Ⅲ		高锰酸盐指数、化学需氧量、总磷
		平水期	Ⅳ		高锰酸盐指数、化学需氧量、总磷
5	西阁	丰水期	Ⅳ	Ⅲ	化学需氧量
		枯水期	Ⅲ		无
		平水期	Ⅳ		高锰酸盐指数
6	温春大桥	丰水期	Ⅳ	Ⅲ	化学需氧量
		枯水期	Ⅲ		无
		平水期	Ⅳ		化学需氧量
7	海浪河口内	丰水期	Ⅳ	Ⅲ	化学需氧量
		枯水期	Ⅳ		氨氮
		平水期	Ⅲ		无
8	海浪	丰水期	Ⅳ	Ⅲ	高锰酸盐指数、化学需氧量
		枯水期	Ⅲ		无
		平水期	Ⅲ		无
9	江滨大桥	丰水期	Ⅳ	Ⅲ	高锰酸盐指数、化学需氧量
		枯水期	Ⅲ		无
		平水期	Ⅳ		高锰酸盐指数、化学需氧量

续表

序号	断面名称	水期	水质评价	功能区类别	超标项目
10	柴河大桥	丰水期	Ⅳ	Ⅲ	高锰酸盐指数、化学需氧量
		枯水期	Ⅲ		无
		平水期	Ⅳ		高锰酸盐指数、化学需氧量
11	群力	丰水期	Ⅳ	Ⅱ	化学需氧量、高锰酸盐指数、总磷
		枯水期	Ⅳ		高锰酸盐指数、氨氮、总磷
		平水期	Ⅳ		化学需氧量、高锰酸盐指数、总磷
12	三道	丰水期	Ⅳ	Ⅱ	化学需氧量、高锰酸盐指数、总磷
		枯水期	Ⅳ		高锰酸盐指数、氨氮、总磷
		平水期	Ⅳ		化学需氧量、高锰酸盐指数、总磷
13	大坝	丰水期	Ⅳ	Ⅱ	化学需氧量、高锰酸盐指数、总磷
		枯水期	Ⅳ		高锰酸盐指数、总磷
		平水期	Ⅳ		总磷
14	花脸沟	丰水期	Ⅲ	Ⅲ	无
		枯水期	Ⅲ		无
		平水期	Ⅲ		无

由表 2-4 可以看出，2013 年牡丹江水质较 2012 年略有下降，无超标项目断面个数有所减少，所有断面各水期大部分处于 IV 类水状态，其中河道断面主要超标项目为高锰酸盐指数和化学需氧量；水库断面主要超标项目为化学需氧量、高锰酸盐指数和总磷。

2014 年牡丹江流域各断面单项污染指数和功能区达标评价表　　表 2-5

序号	断面	水期	水质评价	功能区类别	超标项目
1	大山咀子	丰水期	Ⅲ	Ⅲ	无
		枯水期	Ⅱ		无
		平水期	Ⅲ		无
2	老鹄砬子	丰水期	Ⅲ	Ⅲ	无
		枯水期	Ⅲ		无
		平水期	Ⅲ		无
3	电视塔	丰水期	Ⅳ	Ⅱ	高锰酸盐指数、化学需氧量、总磷
		枯水期	Ⅳ		高锰酸盐指数、化学需氧量、总磷
		平水期	Ⅳ		高锰酸盐指数、化学需氧量、总磷
4	果树场	丰水期	Ⅳ	Ⅱ	高锰酸盐指数、化学需氧量、总磷
		枯水期	Ⅳ		高锰酸盐指数、化学需氧量、总磷
		平水期	Ⅳ		高锰酸盐指数、化学需氧量、总磷

续表

序号	断面	水期	水质评价	功能区类别	超标项目
5	西阁	丰水期	Ⅲ	Ⅲ	无
		枯水期	Ⅲ		无
		平水期	Ⅲ		无
6	温春大桥	丰水期	Ⅲ	Ⅲ	无
		枯水期	Ⅲ		无
		平水期	Ⅲ		无
7	海浪河口内	丰水期	Ⅲ	Ⅲ	无
		枯水期	Ⅲ		无
		平水期	Ⅲ		无
8	海浪	丰水期	Ⅲ	Ⅲ	无
		枯水期	Ⅲ		无
		平水期	Ⅲ		无
9	江滨大桥	丰水期	Ⅲ	Ⅲ	无
		枯水期	Ⅲ		无
		平水期	Ⅲ		无
10	柴河大桥	丰水期	Ⅲ	Ⅲ	无
		枯水期	Ⅲ		无
		平水期	Ⅲ		无
11	群力	丰水期	—	Ⅱ	
		枯水期	Ⅳ		高锰酸盐指数、化学需氧量、总磷
		平水期	Ⅳ		高锰酸盐指数、化学需氧量、总磷
12	三道	丰水期	—	Ⅱ	
		枯水期	Ⅳ		高锰酸盐指数、化学需氧量、氨氮、总磷
		平水期	Ⅳ		高锰酸盐指数、化学需氧量、氨氮、总磷
13	大坝	丰水期	—	Ⅱ	
		枯水期	Ⅳ		高锰酸盐指数、总磷
		平水期	Ⅳ		高锰酸盐指数、总磷
14	龙爪	丰水期	—	Ⅱ	
		枯水期	Ⅳ		总磷
		平水期	Ⅳ		高锰酸盐指数、化学需氧量、总磷
15	东关	丰水期	—	Ⅲ	
		枯水期	Ⅱ		无
		平水期	Ⅲ		无
16	花脸沟	丰水期	Ⅲ	Ⅲ	无
		枯水期	Ⅲ		无
		平水期	Ⅲ		无

续表

序号	断面	水期	水质评价	功能区类别	超标项目
17	牡丹江口内	丰水期	Ⅲ	Ⅲ	无
		枯水期	Ⅱ		无
		平水期	Ⅲ		无

由表 2-5 可以看出，与 2013 年相比，2014 年牡丹江干流河段水质有了明显好转，河道各断面水质均达到水环境功能区划要求。水库各断面水质类别与 2013 年相比变化不大，主要超标项目为高锰酸盐指数、化学需氧量和总磷。

（2）有机污染物综合评价

牡丹江有机污染评价结果见表 2-6。

2012 ~ 2014 年牡丹江流域有机污染综合指数评价　　表 2-6

序号	断面名称	水期	水质评价结果			功能区类别
			2012 年	2013 年	2014 年	
1	大山咀子	丰水期	Ⅱ	Ⅱ	Ⅱ	Ⅲ
		枯水期	Ⅱ	Ⅱ	Ⅱ	
		平水期	Ⅱ	Ⅱ	Ⅱ	
2	老鹄砬子	丰水期	Ⅱ	Ⅱ	Ⅱ	Ⅲ
		枯水期	Ⅱ	Ⅱ	Ⅱ	
		平水期	Ⅱ	Ⅱ	Ⅱ	
3	电视塔	丰水期	Ⅱ	Ⅱ	Ⅱ	Ⅱ
		枯水期	Ⅱ	Ⅱ	Ⅱ	
		平水期	Ⅱ	Ⅱ	Ⅱ	
4	果树场	丰水期	Ⅱ	Ⅱ	Ⅱ	Ⅱ
		枯水期	Ⅱ	Ⅱ	Ⅱ	
		平水期	Ⅱ	Ⅱ	Ⅱ	
5	西阁	丰水期	Ⅱ	Ⅱ	Ⅱ	Ⅲ
		枯水期	Ⅱ	Ⅱ	Ⅱ	
		平水期	Ⅱ	Ⅱ	Ⅱ	
6	温春大桥	丰水期	Ⅱ	Ⅱ	Ⅱ	Ⅲ
		枯水期	Ⅱ	Ⅱ	Ⅱ	
		平水期	Ⅱ	Ⅱ	Ⅱ	
7	海浪河口内	丰水期	Ⅱ	Ⅱ	Ⅱ	Ⅲ
		枯水期	Ⅲ	Ⅲ	Ⅲ	
		平水期	Ⅱ	Ⅱ	Ⅱ	

续表

序号	断面名称	水期	水质评价结果			功能区类别
			2012 年	2013 年	2014 年	
8	海浪	丰水期	Ⅱ	Ⅱ	Ⅱ	Ⅲ
		枯水期	Ⅱ	Ⅱ	Ⅱ	
		平水期	Ⅱ	Ⅱ	Ⅱ	
9	江滨大桥	丰水期	Ⅱ	Ⅱ	Ⅱ	Ⅲ
		枯水期	Ⅲ	Ⅱ	Ⅱ	
		平水期	Ⅱ	Ⅱ	Ⅱ	
10	柴河大桥	丰水期	Ⅱ	Ⅱ	Ⅱ	Ⅲ
		枯水期	Ⅲ	Ⅱ	Ⅱ	
		平水期	Ⅲ	Ⅱ	Ⅱ	
11	群力	丰水期	Ⅱ	Ⅱ		Ⅱ
		枯水期	Ⅲ	Ⅱ	Ⅱ	
		平水期	Ⅲ	Ⅱ	Ⅱ	
12	三道	丰水期	Ⅱ	Ⅱ	Ⅱ	Ⅱ
		枯水期	Ⅱ	Ⅱ	Ⅱ	
		平水期	Ⅱ	Ⅱ	Ⅱ	
13	大坝	丰水期	Ⅱ	Ⅱ	Ⅱ	Ⅱ
		枯水期	Ⅱ	Ⅱ	Ⅱ	
		平水期	Ⅱ	Ⅱ	Ⅱ	
14	龙爪	丰水期				Ⅱ
		枯水期			Ⅱ	
		平水期			Ⅱ	
15	东关	丰水期				Ⅲ
		枯水期			Ⅱ	
		平水期			Ⅱ	
16	花脸沟	丰水期	Ⅱ	Ⅱ	Ⅱ	Ⅲ
		枯水期	Ⅳ	Ⅳ	Ⅱ	
		平水期	Ⅱ	Ⅱ	Ⅱ	
17	牡丹江口内	丰水期			Ⅱ	Ⅲ
		枯水期			Ⅱ	
		平水期			Ⅱ	

由表 2-6 可以得出，2012 年和 2013 年牡丹江流域有机污染不严重，除花脸沟断面枯水期外，其他断面各水期水质均能达到水环境功能区划要求。2014 年各断面有机污染综合指标均处于水环境功能区划要求范围内，说明近 3 年来牡丹江流域的有机污

染程度较轻。

(3) 污染负荷分析

利用式（2-4）和式（2-5）对牡丹江干流各水质监测断面污染物分担率和污染负荷比进行计算。污染物分担率计算的指标为牡丹江干流主要污染项目，包括化学需氧量、高锰酸盐指数、氨氮和总磷。计算结果见表 2-7 ～表 2-9。

2012 年牡丹江干流各断面污染分担率和污染负荷比　　表 2-7

序号	断面	污染分担率（%）				污染负荷比（%）
		化学需氧量	高锰酸盐指数	氨氮	总磷	
1	大山咀子	39.07	38.14	8.72	14.07	5.04
2	老鹄砬子	41.78	37.38	8.77	12.07	4.86
3	电视塔	28.16	27.56	6.04	38.23	9.42
4	果树场	24.90	25.80	7.39	41.92	9.00
5	西阁	36.91	33.01	8.02	22.06	4.60
6	温春大桥	37.24	32.05	8.45	22.25	4.57
7	海浪	33.03	32.74	18.02	16.22	5.12
8	江滨大桥	35.07	30.69	16.69	17.56	5.57
9	柴河大桥	28.70	27.68	23.33	20.29	6.60
10	群力	14.40	14.45	16.53	54.62	18.85
11	三道	20.56	21.78	9.67	47.99	11.82
12	大坝	23.10	24.43	8.13	44.34	9.95
13	花脸沟	38.09	32.79	10.32	18.80	4.61
均值		30.85	29.12	11.54	28.49	

由表 2-7 可见，2012 年牡丹江干流河道水体污染中，化学需氧量和高锰酸盐指数的污染贡献最大，除柴河大桥断面外均在 30% 以上，氨氮和总磷污染分担率较低；两座水库水体污染中，除老鹄砬子断面外，其他各断面总磷的污染贡献最大，均接近或超过 40%，其中群力断面的总磷污染贡献最大，达到了 54.62%；污染贡献最小的是氨氮，化学需氧量和高锰酸盐指数贡献率介于总磷和氨氮之间。

从断面污染负荷比来看，群力、三道、大坝、电视塔、果树场等断面污染负荷较高，西阁、温春大桥和花脸沟断面污染负荷最低。2013 年和 2014 年的污染负荷情况与 2012 年的情况基本一致。从各断面均值来看，牡丹江干流污染物贡献率以化学需氧量、高锰酸盐指数和总磷为主，各占约 30%，氨氮贡献率最低，介于 10.27% ～ 14.68%。

2013 年牡丹江干流各断面污染分担率和污染负荷比　　表 2-8

序号	断面	污染分担率（%）				污染负荷比（%）
		化学需氧量	高锰酸盐指数	氨氮	总磷	
1	大山咀子	38.70	37.26	9.90	14.14	5.31
2	老鹄砬子	38.80	38.06	9.05	14.09	4.91
3	电视塔	22.73	24.99	7.95	44.33	10.73
4	果树场	24.83	28.05	6.82	40.30	10.20
5	西阁	38.04	39.82	8.16	13.98	5.04
6	温春大桥	39.36	38.68	6.78	15.18	5.05
7	海浪	35.66	35.33	12.55	16.46	5.36
8	江滨大桥	34.34	34.18	13.96	17.52	5.87
9	柴河大桥	33.41	32.29	16.53	17.76	6.20
10	群力	18.49	20.62	10.51	50.38	12.37
11	三道	16.85	19.28	11.35	52.53	13.60
12	大坝	18.97	21.00	9.52	50.50	10.69
13	花脸沟	37.38	37.61	10.48	14.53	4.67
均值		30.58	31.32	10.27	27.82	

2014 年牡丹江干流各断面污染分担率和污染负荷比　　表 2-9

序号	断面	污染分担率（%）				污染负荷比（%）
		化学需氧量	高锰酸盐指数	氨氮	总磷	
1	大山咀子	22.57	22.62	6.26	8.49	4.31
2	老鹄砬子	24.01	24.03	7.61	7.60	4.59
3	电视塔	15.14	17.13	8.48	32.63	9.20
4	果树场	14.50	16.33	10.20	34.69	9.17
5	西阁	23.88	24.12	7.34	13.58	4.17
6	温春大桥	24.73	24.38	9.33	12.89	4.28
7	海浪	25.31	25.31	11.79	10.81	3.86
8	江滨大桥	25.06	25.29	15.69	11.18	3.91
9	桦林大桥	15.22	15.85	10.98	14.59	7.53
10	柴河大桥	18.47	18.63	8.65	10.61	5.62
11	群力	11.13	12.69	9.63	34.20	12.21
12	三道	13.06	14.76	12.02	31.25	11.77
13	大坝	11.92	13.68	11.61	31.98	9.88
14	花脸沟	21.85	22.01	9.83	12.94	4.67
15	牡丹江口内	18.21	17.66	8.22	10.26	4.84
均值		28.65	29.53	14.68	27.14	

2.4.2　水生生物

浮游植物处于水生态系统食物链的始端，作为水环境中的初级生产者的浮游藻类，生活周期短，对污染物反应灵敏，其多样性变化可以作为反映水环境状况的重要指标，因此，在时间和空间上对牡丹江浮游植物多样性进行分析研究，探索它们如何反映水生态环境的稳定性及其在时空上的变化规律，从而进行水质评价，为全面了解牡丹江水环境质量提供科学依据。同时，利用生物个体、种群和群落在各种污染环境中发出的各种信息，来判断环境的污染程度，从生物学方面为环境质量的监测与评价提供依据，针对如何进行牡丹江水体保护、合理开发水体资源、适时开展环境保护等问题提供参考性的生物学依据。

牡丹江 2014 ~ 2015 年对水生生物全流域监测，监测时间为每年的 1 月、2 月、5 月、6 月、7 月、8 月、9 月和 10 月，监测断面为干流和重要支流的 31 个断面。对 2014 和 2015 年连续两年的水生生物监测指标进行评价。为了避免单纯使用 1 种多样性指数造成计算结果出现偏差，所以采用目前常见的 3 种多样性指数，即 Shannon-Wiener 指数（H'）、Margalef 指数（D）和 Pielou 均匀度指数（E），从不同方面对牡丹江流域浮游植物多样性进行分析。

Shannon-Wiener 多样性指数：

$$H' = -\sum_{i=1}^{S}\left(n_i/N\right)\ln\left(n_i/N\right) \tag{2-6}$$

Pielou 均匀度指数：

$$E = \frac{H}{\log_2 S} \tag{2-7}$$

Margalef 种类丰富度指数：

$$D_M = (S-1)/\ln N \tag{2-8}$$

式（2-6）~式（2-8）中，S 为总种数，N 为所有种个体总数，n_i 为第 i 种个体数量。

浮游植物多样性指数和藻类污染指数的评价标准　　表 2-10

指数	标准清洁	中污	重污	严重污染
Shannon-Wiener 指数	> 3.0	> 2.0	> 1.0	> 0
Pielou 指数	> 0.5	> 0.3	> 0	—
Margalef 指数	> 3.0	> 2.0	> 1.0	> 0

2014 年牡丹江流域各断面浮游植物 Shannon-Wiener 指数评价结果　　表 2-11

S-W 指数（2014 年）	1 月	2 月	5 月	6 月	7 月	8 月	9 月	10 月	年平均
大山咀子	1.9	2.8	4.5	4.3	4.8	2.9	2.5	4.6	3.5
老鸪砬子	3.4	2.6	4.3	4.1	4.7	3.1	2.5	4.2	3.6
电视塔	3.1	3.4	3.4	3.9	4.9	3.1	4.7	3.8	3.8
果树场	3.5	3.1	4.3	4.2	4.8	2.7	2.7	3.3	3.6
西阁	3.0	3.2	3.7	4.4	4.7	3.2	3.0	3.3	3.6
温春大桥	3.1	2.9	4.0	4.3	4.4	3.3	2.4	3.9	3.5
海林桥	3.4	2.8	4.1	4.3	4.5	3.3	5.0	3.7	3.9
海林河口内	2.4	3.6	4.3	4.4	4.4	3.0	4.6	2.6	3.7
海浪	3.1	2.1	4.2	4.3	4.6	3.2	3.1	4.1	3.6
江滨大桥	2.6	3.3	3.7	4.3	4.1	3.2	3.1	4.0	3.5
桦林大桥	2.9	3.4	4.1	4.2	4.8	2.8	4.6	3.8	3.8
柴河大桥	2.2	3.7	4.2	4.2	4.4	3.2	2.8	4.2	3.6
群力	3.5	3.4	4.0	3.8	4.9	3.2	2.2	4.2	3.7
三道	3.3	3.4	3.9	4.2	4.2	3.1	2.8	4.0	3.6
大坝	3.4	3.5	4.3	4.2	4.1	3.0	2.5	3.3	3.5
龙爪	3.4	3.0	3.9	4.5	4.8	2.6	4.8	3.9	3.9
东关	2.5	2.1	4.1	4.4	3.9	3.0	4.4	4.0	3.6
花脸沟	3.6	3.6	3.3	4.6	4.6	4.7	2.2	3.7	3.8
小石河	3.5	2.9	4.4	4.6	4.1	4.7	4.4	3.2	4.0
沙河	3.4	3.0	4.2	4.9	4.8	3.2	4.5	3.6	4.0
珠尔多河	3.5	3.3	4.3	4.5	4.5	3.2	4.1	3.8	3.9
大小夹吉河	3.0	1.8	4.5	4.2	4.6	3.6	5.1	3.2	3.8
尔站西沟河	2.4	3.5	4.0	3.6	4.3	2.8	4.3	3.5	3.6
马莲河	3.3	2.3	4.3	4.2	4.7	2.9	4.7	3.8	3.8
蛤蟆河	3.5	3.2	3.8	4.1	4.9	2.9	4.8	3.7	3.9
北安河	3.7	3.3	4.2	3.6	4.3	4.6	4.3	4.0	4.0
五林河	2.9	3.1	4.3	4.3	4.6	2.3	4.0	4.2	3.7
头道河子	1.5	3.5	4.1	4.6	4.5	2.1	4.8	4.1	3.7
二道河子	3.0	3.1	4.6	4.7	4.9	2.6	4.3	4.0	3.9
三道河子	2.2	3.4	4.6	4.0	4.6	2.2	4.3	4.3	3.7
乌斯浑河	3.1	2.5	4.5	4.5	4.5	2.2	3.5	4.2	3.6
最大值	3.7	3.7	4.6	4.9	4.9	4.7	5.1	4.6	4.0
最小值	1.5	1.8	3.3	3.6	3.9	2.1	2.2	2.6	3.5
流域平均	3.0	3.1	4.1	4.3	4.5	3.1	3.8	3.8	3.7

Shannon-Wiener 指数显示（表 2-11），2014 年 8 个月，31 个采样点整体反映，以标准清洁为主要特征，流域各月平均 Shannon-Wiener 指数均在 3.0 以上，流域全年 Shannon-Wiener 指数为 3.7，达到了标准清洁水平；尤其是 5 月、6 月、7 月和 10 月，这 4 个月份 31 个采样点几乎都处于清洁状况。与其他月比较，1 月、2 月和 8 月清洁程度较低，7 月的清洁程度最高。从各断面年均值来看，Shannon-Wiener 指数介于 3.5 ~ 4.0，均处于标准清洁状态，且各断面变化幅度不大。从单次评价结果来看，1 月最低值发生在头道河子断面，评价结果为 1.5，这也是全年的最低值，处于重污染水平；其次，该月大山咀子断面评价结果为 1.9，同样为重污染水平。全年内还有一次达到重污染水平的断面为大小夹吉河，评价结果为 1.8。9 月各断面清洁程度以标准清洁为主要特征，以清洁标准断面居多。单次最清洁断面分别发生在 6 月的沙河以及 7 月的电视塔、群力、蛤蟆河以及二道河子，评价结果均为 4.9。

2014 年牡丹江流域各断面浮游植物 Pielou 指数评价结果　　表 2-12

Pielou 指数（2014 年）	1 月	2 月	5 月	6 月	7 月	8 月	9 月	10 月	年平均
大山咀子	0.37	0.56	0.73	0.72	0.77	0.47	0.40	0.78	0.60
老鸹砬子	0.67	0.52	0.69	0.70	0.75	0.51	0.40	0.72	0.62
电视塔	0.60	0.68	0.56	0.65	0.79	0.51	0.76	0.64	0.65
果树场	0.68	0.62	0.70	0.70	0.77	0.45	0.44	0.56	0.62
西阁	0.59	0.64	0.60	0.74	0.76	0.52	0.49	0.56	0.61
温春大桥	0.60	0.59	0.65	0.72	0.71	0.54	0.39	0.67	0.61
海林桥	0.67	0.55	0.66	0.73	0.72	0.54	0.80	0.63	0.66
海林河口内	0.48	0.72	0.70	0.74	0.71	0.50	0.74	0.45	0.63
海浪	0.62	0.43	0.69	0.73	0.74	0.53	0.50	0.70	0.62
江滨大桥	0.52	0.66	0.60	0.73	0.65	0.53	0.50	0.69	0.61
桦林大桥	0.56	0.69	0.66	0.70	0.78	0.47	0.75	0.65	0.66
柴河大桥	0.43	0.74	0.68	0.71	0.71	0.53	0.45	0.71	0.62
群力	0.68	0.68	0.65	0.64	0.79	0.53	0.36	0.72	0.63
三道	0.66	0.68	0.63	0.71	0.68	0.51	0.46	0.68	0.63
大坝	0.66	0.70	0.70	0.70	0.66	0.49	0.40	0.56	0.61
龙爪	0.66	0.60	0.64	0.75	0.77	0.43	0.77	0.66	0.66
东关	0.50	0.42	0.67	0.75	0.62	0.49	0.71	0.68	0.61
花脸沟	0.72	0.71	0.54	0.78	0.73	0.77	0.35	0.63	0.65
小石河	0.69	0.58	0.72	0.77	0.66	0.77	0.70	0.54	0.68
沙河	0.66	0.61	0.68	0.82	0.78	0.52	0.72	0.62	0.68
珠尔多河	0.69	0.67	0.71	0.77	0.73	0.52	0.65	0.64	0.67

续表

Pielou 指数（2014 年）	1 月	2 月	5 月	6 月	7 月	8 月	9 月	10 月	年平均
大小夹吉河	0.58	0.36	0.73	0.70	0.74	0.59	0.82	0.54	0.63
尔站西沟河	0.47	0.71	0.65	0.60	0.69	0.45	0.70	0.60	0.61
马莲河	0.65	0.46	0.71	0.71	0.75	0.47	0.75	0.64	0.64
蛤蟆河	0.70	0.64	0.62	0.70	0.80	0.47	0.77	0.63	0.67
北安河	0.72	0.65	0.69	0.61	0.70	0.75	0.70	0.69	0.69
五林河	0.57	0.62	0.71	0.72	0.75	0.38	0.64	0.72	0.64
头道河子	0.29	0.70	0.67	0.78	0.73	0.35	0.77	0.71	0.63
二道河子	0.59	0.63	0.75	0.79	0.79	0.42	0.70	0.68	0.67
三道河子	0.44	0.68	0.74	0.67	0.74	0.37	0.70	0.73	0.63
乌斯浑河	0.61	0.50	0.73	0.76	0.73	0.37	0.56	0.71	0.62
最大值	0.72	0.74	0.75	0.82	0.80	0.77	0.82	0.78	0.69
最小值	0.29	0.36	0.54	0.60	0.62	0.35	0.35	0.45	0.60
流域平均	0.59	0.61	0.67	0.72	0.73	0.51	0.61	0.65	0.64

Pielou 指数显示（表 2-12），2014 年 8 个月，31 个采样点整体反映，以标准清洁为主要特征，流域各月平均 Pielou 指数均在 0.51 以上，流域全年 Pielou 指数为 0.64，达到了标准清洁水平；尤其是 5 月、6 月、7 月和 10 月，这 4 个月 31 个采样点几乎都处于清洁状况。与其他月比较，1 月和 8 月清洁程度较低，7 月的清洁程度最高。从各断面年均值来看，Pielou 指数介于 0.60 ~ 0.69，均处于标准清洁状态，且各断面变化幅度不大。从单次评价结果来看，1 月最低值发生在头道河子断面，评价结果为 0.29，这也是全年的最低值，处于重污染水平；其次，该月大山咀子断面评价结果为 0.37，为中污染水平。8 月和 9 月各断面清洁程度处于标准清洁和中度污染等级，以清洁标准断面居多。单次最清洁断面分别发生在 6 月的沙河以及 9 月的大小夹吉河，评价结果均为 0.82。

2014 年牡丹江流域各断面浮游植物 Margalef 指数评价结果　　表 2-13

Margalef 指数（2014 年）	1 月	2 月	5 月	6 月	7 月	8 月	9 月	10 月	年平均
大山咀子	2.0	3.0	3.3	2.8	3.5	4.0	3.5	2.8	3.1
老鸹砬子	1.7	2.8	3.4	2.9	3.5	3.5	3.7	2.8	3.0
电视塔	1.7	2.5	3.5	3.0	3.4	4.3	3.4	2.8	3.1
果树场	1.7	2.5	3.4	2.9	3.5	3.7	3.9	2.9	3.1
西阁	1.7	2.5	3.5	2.9	3.4	3.4	3.7	3.0	3.0
温春大桥	1.7	2.6	3.5	2.9	3.5	3.4	3.8	2.9	3.0

续表

Margalef 指数（2014年）	1月	2月	5月	6月	7月	8月	9月	10月	年平均
海林桥	1.6	2.6	3.4	2.9	3.5	3.5	3.4	2.9	3.0
海林河口内	1.8	2.4	3.3	2.9	3.5	3.5	3.5	3.0	3.0
海浪	1.8	2.7	3.4	2.9	3.6	3.5	3.6	2.8	3.0
江滨大桥	1.8	2.6	3.4	2.9	3.6	4.3	3.7	2.8	3.1
桦林大桥	1.7	2.4	3.3	2.9	3.4	3.7	3.5	2.9	3.0
柴河大桥	1.9	2.5	3.4	2.9	3.5	3.5	3.8	2.7	3.0
群力	1.6	2.4	3.4	3.0	3.4	3.5	3.5	2.8	3.0
三道	2.1	2.5	3.5	2.9	3.5	3.4	4.0	2.9	3.1
大坝	1.7	2.5	3.4	3.0	3.6	3.6	3.9	3.0	3.1
龙爪	1.7	2.5	3.5	3.2	3.5	3.5	3.4	2.8	3.0
东关	1.7	2.7	3.4	2.9	3.6	3.6	3.4	2.9	3.0
花脸沟	1.6	2.5	3.5	2.9	3.4	3.2	4.2	2.8	3.0
小石河	1.7	2.5	3.4	2.9	3.7	3.5	3.5	2.9	3.0
沙河	1.7	2.5	3.3	2.8	3.4	3.5	3.4	2.8	2.9
珠尔多河	1.7	2.5	3.3	2.8	3.5	3.6	3.7	2.8	3.0
大小夹吉河	1.7	3.1	3.3	3.0	3.5	3.5	3.4	2.9	3.1
尔站西沟河	1.7	2.4	3.4	3.1	3.6	3.5	3.5	2.9	3.0
马莲河	1.7	2.6	3.4	2.9	3.5	3.4	3.4	2.9	3.0
蛤蟆河	1.6	2.6	3.5	2.9	3.4	3.4	3.4	2.9	3.0
北安河	1.6	2.5	3.5	3.0	3.5	3.2	3.5	2.9	3.0
五林河	1.7	2.6	3.3	2.9	3.8	3.5	3.6	2.7	3.0
头道河子	2.0	2.5	3.8	2.9	3.5	3.6	3.4	2.8	3.1
二道河子	2.1	2.5	3.3	2.8	3.8	3.5	3.5	2.9	3.1
三道河子	2.3	2.5	3.3	3.0	3.4	3.6	3.4	2.8	3.0
乌斯浑河	1.7	2.8	3.4	2.8	3.5	4.1	3.6	2.7	3.1
最大值	2.3	3.1	3.8	3.2	3.8	4.3	4.2	3.0	3.1
最小值	1.6	2.4	3.3	2.8	3.4	3.2	3.4	2.7	2.9
流域平均	1.8	2.6	3.4	2.9	3.5	3.6	3.6	2.9	3.0

与Shannon-wiener和Pielou指数反映的情况稍有不同，Margalef指数显示（表2-13），2014年流域各月平均Margalef指数均在1.8以上，流域全年Margalef指数为3.0，基本达到了标准清洁水平；尤其是5月、7月、8月和9月，这4个月31个采样点几乎都处于清洁状况。与其他月比较，1月属于重污染，8月和9月的清洁程度相对较高。从各断面年均值来看，Margalef指数介于2.9～3.1，处于标准清洁和中污染的交叉状态，

各断面变化幅度不大。从单次评价结果来看，1 月最低值发生在群力、花脸沟、蛤蟆河和北安河断面，评价结果为 1.6，这也是全年的最低值，处于重污染水平。2 月、6 月和 10 月各断面清洁程度基本处于标准清洁和中度污染的交界状态，而且中污染断面居多。单次最清洁断面分别发生在 8 月的电视塔和滨江大桥，评价结果均为 4.3。

2015 年牡丹江流域各断面浮游植物 Shannon-Wiener 指数评价结果　　表 2-14

S-W 指数（2015 年）	1 月	2 月	5 月	6 月	7 月	8 月	9 月	10 月	年平均
大山咀子	3.1	4.1	3.9	4.7	2.5	4.4	3.3	3.4	3.7
老鸪砬子	3.4	3.7	3.1	4.8	2.6	4.0	3.5	3.5	3.6
电视塔	3.1	3.6	3.5	4.6	3.0	4.2	3.9	3.4	3.7
果树场	3.3	3.6	3.9	4.8	2.9	3.9	4.0	3.6	3.8
西阁	3.7	3.8	3.7	4.6	2.7	4.3	3.9	3.0	3.7
温春大桥	3.0	3.2	3.7	4.9	3.0	4.1	3.7	3.5	3.6
海林桥	3.0	3.9	3.5	4.8	1.1	4.1	3.8	3.2	3.4
海林河口内	3.4	3.7	3.8	4.6	2.8	4.3	3.6	3.8	3.8
海浪	3.3	3.5	3.8	4.7	2.1	4.3	3.8	3.4	3.6
江滨大桥	3.5	3.5	3.6	4.9	2.7	4.2	3.6	3.5	3.7
桦林大桥	3.5	3.8	3.5	5.0	2.8	3.7	3.8	4.0	3.8
柴河大桥	3.3	3.6	3.9	4.9	2.9	4.1	4.0	3.8	3.8
群力	3.2	3.9	4.0	4.4	2.1	4.0	3.9	3.5	3.6
三道	3.6	4.0	3.8	4.7	2.2	3.7	4.0	3.2	3.7
大坝	3.5	3.8	3.1	4.5	2.5	3.7	4.0	3.5	3.6
龙爪	3.5	3.8	3.6	4.6	2.1	4.0	4.3	3.6	3.7
东关	3.5	3.7	3.5	4.5	3.2	4.2	4.2	3.6	3.8
花脸沟	3.6	3.9	3.1	4.6	3.3	3.5	3.7	3.6	3.7
小石河	1.3	3.5	3.8	4.3	2.0	3.9	4.5	3.8	3.4
沙河	1.1	3.5	3.7	4.7	2.7	3.9	4.0	3.5	3.4
珠尔多河	2.1	3.8	3.6	4.7	2.4	4.0	3.9	3.7	3.5
大小夹吉河	2.0	3.8	3.6	4.7	2.6	3.8	4.1	3.7	3.5
尔站西沟河	1.9	3.8	3.7	4.6	2.5	4.0	3.9	3.8	3.5
马莲河	2.6	3.5	3.7	4.7	2.3	3.7	3.8	3.9	3.5
蛤蟆河	2.2	3.8	3.7	4.4	3.6	4.2	3.8	3.8	3.7
北安河	1.0	3.7	3.4	4.9	1.3	3.8	3.9	3.8	3.2
五林河	0.0	3.9	3.8	5.0	2.5	3.7	4.0	3.0	3.2
头道河子	2.2	3.4	3.6	4.7	3.2	3.6	4.0	3.9	3.6
二道河子	1.6	3.4	3.9	4.7	3.1	4.1	4.0	3.7	3.6

续表

S-W 指数（2015 年）	1 月	2 月	5 月	6 月	7 月	8 月	9 月	10 月	年平均
三道河子	1.6	3.4	3.4	4.5	1.9	3.8	3.8	3.7	3.3
乌斯浑河	1.5	3.5	2.9	4.7	2.5	3.9	3.9	4.0	3.4
最大值	3.7	4.1	4.0	5.0	3.6	4.4	4.5	4.0	3.8
最小值	0.0	3.2	2.9	4.3	1.1	3.5	3.3	3.0	3.2
流域平均	2.6	3.7	3.6	4.7	2.6	4.0	3.9	3.6	3.6

2015 年的 Shannon-Wiener 指数显示（表 2-14），2015 年 8 个月，31 个采样点整体反映，以标准清洁为主要特征，流域各月平均 Shannon-Wiener 指数均在 2.6 以上，流域全年 Shannon-Wiener 指数为 3.6，达到了标准清洁水平；尤其是 2 月、5 月、6 月、8 月、9 月和 10 月，这 6 个月 31 个采样点几乎都处于清洁状态。与其他月比较，1 月和 7 月清洁程度较低，6 月的清洁程度最高。从各断面年均值来看，Shannon-Wiener 指数介于 3.2 ~ 3.8，均处于标准清洁状态，且各断面变化幅度稍大于 2014 年。从单次评价结果来看，1 月最低值发生在五林河断面，评价结果为 0.0，这也是全年的最低值，处于严重污染水平；而且，该月北安河断面评价结果为 1.0，同样为严重污染水平。7 月各断面清洁程度以中度污染为主。单次最清洁断面分别发生在 6 月的桦林大桥和五林河，评价结果均为 5.0。

2015 年牡丹江流域各断面浮游植物 Pielou 指数评价结果　　表 2-15

Pielou 指数（2015 年）	1 月	2 月	5 月	6 月	7 月	8 月	9 月	10 月	年平均
大山咀子	0.63	0.80	0.74	0.75	0.40	0.72	0.57	0.64	0.66
老鹄砬子	0.69	0.71	0.58	0.77	0.41	0.66	0.60	0.66	0.64
电视塔	0.63	0.69	0.66	0.74	0.48	0.69	0.66	0.64	0.65
果树场	0.66	0.70	0.74	0.77	0.46	0.64	0.68	0.67	0.67
西阁	0.75	0.73	0.69	0.75	0.44	0.71	0.66	0.57	0.66
温春大桥	0.61	0.63	0.70	0.79	0.48	0.67	0.63	0.66	0.65
海林桥	0.60	0.76	0.66	0.77	0.17	0.68	0.64	0.61	0.61
海林河口内	0.70	0.72	0.71	0.75	0.45	0.70	0.61	0.73	0.67
海浪	0.67	0.68	0.72	0.76	0.33	0.71	0.64	0.64	0.64
江滨大桥	0.70	0.68	0.69	0.79	0.43	0.69	0.62	0.65	0.66
桦林大桥	0.72	0.73	0.66	0.81	0.45	0.62	0.65	0.76	0.68
柴河大桥	0.67	0.69	0.74	0.80	0.46	0.67	0.68	0.71	0.68
群力	0.65	0.76	0.75	0.71	0.33	0.66	0.67	0.66	0.65

续表

Pielou 指数（2015 年）	1 月	2 月	5 月	6 月	7 月	8 月	9 月	10 月	年平均
三道	0.73	0.78	0.72	0.75	0.36	0.61	0.68	0.60	0.65
大坝	0.72	0.73	0.58	0.72	0.40	0.61	0.67	0.67	0.64
龙爪	0.71	0.74	0.69	0.74	0.33	0.66	0.72	0.69	0.66
东关	0.71	0.71	0.67	0.73	0.52	0.69	0.71	0.69	0.68
花脸沟	0.73	0.76	0.58	0.75	0.52	0.57	0.63	0.68	0.65
小石河	0.26	0.68	0.72	0.70	0.31	0.64	0.76	0.71	0.60
沙河	0.22	0.69	0.70	0.76	0.42	0.64	0.67	0.66	0.60
珠尔多河	0.43	0.75	0.69	0.75	0.37	0.67	0.67	0.70	0.63
大小夹吉河	0.41	0.74	0.67	0.76	0.41	0.63	0.70	0.69	0.63
尔站西沟河	0.39	0.74	0.71	0.74	0.40	0.66	0.66	0.72	0.63
马莲河	0.53	0.69	0.69	0.76	0.36	0.60	0.64	0.73	0.63
蛤蟆河	0.46	0.75	0.70	0.72	0.57	0.69	0.64	0.72	0.66
北安河	0.20	0.72	0.64	0.79	0.20	0.63	0.66	0.73	0.57
五林河	0.00	0.77	0.71	0.81	0.40	0.61	0.68	0.57	0.57
头道河子	0.46	0.66	0.69	0.76	0.51	0.60	0.67	0.73	0.64
二道河子	0.32	0.66	0.73	0.76	0.49	0.68	0.67	0.70	0.63
三道河子	0.32	0.65	0.65	0.73	0.31	0.63	0.65	0.70	0.58
乌斯浑河	0.30	0.69	0.55	0.77	0.40	0.65	0.66	0.75	0.60
最大值	0.75	0.80	0.75	0.81	0.57	0.72	0.76	0.76	0.68
最小值	0.00	0.63	0.55	0.70	0.17	0.57	0.57	0.57	0.57
流域平均	0.53	0.72	0.68	0.76	0.41	0.65	0.66	0.68	0.64

2015 年的 Pielou 指数显示（表 2-15），2015 年 8 个月，31 个采样点整体反映，以标准清洁为主要特征，流域各月平均 Pielou 指数均在 0.41 以上，流域全年 Pielou 指数为 0.64，整体上达到了标准清洁水平；尤其是 2 月、5 月、6 月、8 月、9 月和 10 月，这 6 个月 31 个采样点都处于清洁状况。与其他月比较，1 月和 7 月清洁程度较低，6 月的清洁程度最高。从各断面年均值来看，Pielou 指数介于 0.57 ~ 0.68，均处于标准清洁状态，且各断面变化幅度略大于 2014 年。从单次评价结果来看，1 月最低值发生在五林河断面，评价结果为 0.0，这也是全年的最低值，处于严重污染水平。7 月各断面清洁程度以中度污染为主。单次最清洁断面分别发生在 6 月的桦林大桥和五林河，评价结果均为 0.81。

2015 年牡丹江流域各断面浮游植物 Margalef 指数评价结果　　表 2-16

Margalef 指数（2015 年）	1 月	2 月	5 月	6 月	7 月	8 月	9 月	10 月	年平均
大山咀子	1.6	2.0	1.9	3.4	3.8	3.2	2.9	1.9	2.6
老鸹砬子	1.8	2.1	1.9	3.5	3.8	3.3	3.0	1.9	2.7
电视塔	1.8	2.1	1.9	3.4	4.7	3.3	2.9	1.9	2.8
果树场	1.8	2.1	1.8	3.4	4.4	3.2	3.0	1.9	2.7
西阁	1.7	2.0	1.9	3.4	3.9	3.2	3.0	2.0	2.6
温春大桥	1.8	2.1	1.9	3.4	4.2	3.2	2.9	1.9	2.7
海林桥	1.9	2.0	1.9	3.5	3.8	3.4	2.9	1.9	2.7
海林河口内	1.7	2.1	1.9	3.4	4.1	3.3	3.0	1.8	2.7
海浪	1.8	2.1	1.9	3.4	4.2	3.3	3.0	2.0	2.7
江滨大桥	1.8	2.1	1.9	3.4	3.9	3.3	2.9	1.9	2.7
桦林大桥	1.8	2.0	2.0	3.4	4.0	3.4	2.9	1.9	2.7
柴河大桥	1.8	2.1	1.9	3.4	4.5	3.3	2.9	1.8	2.7
群力	1.8	2.0	1.9	3.4	3.8	3.2	2.9	1.9	2.6
三道	1.7	2.0	1.9	3.4	4.3	3.3	2.9	2.0	2.7
大坝	1.8	2.0	2.0	3.5	4.1	3.2	2.9	1.9	2.7
龙爪	1.8	2.1	1.9	3.4	4.3	3.2	2.9	1.9	2.7
东关	1.7	2.0	1.9	3.4	4.1	3.3	2.9	2.1	2.7
花脸沟	1.7	2.0	2.0	3.4	4.1	3.3	3.2	2.1	2.7
小石河	2.0	2.1	1.9	3.4	4.1	3.3	2.8	1.9	2.7
沙河	2.0	2.1	1.9	3.4	4.7	3.2	2.9	1.9	2.8
珠尔多河	1.8	2.0	2.0	3.4	3.8	3.6	2.9	1.9	2.7
大小夹吉河	1.9	2.0	1.9	3.4	4.1	3.3	2.9	1.9	2.7
尔站西沟河	2.1	2.0	1.9	3.4	4.3	3.3	2.9	1.9	2.7
马莲河	1.6	2.1	2.1	3.4	4.4	3.4	3.0	1.9	2.7
蛤蟆河	2.1	2.0	1.9	3.5	4.6	3.2	2.9	1.9	2.8
北安河	2.1	2.0	1.9	3.4	3.9	3.3	2.9	1.9	2.7
五林河	2.1	2.0	1.9	3.4	5.0	3.3	2.9	1.9	2.8
头道河子	2.0	2.1	1.9	3.4	4.2	3.3	2.9	1.9	2.7
二道河子	2.4	2.1	1.9	3.4	4.2	3.2	2.9	1.9	2.8
三道河子	1.9	2.1	1.9	3.5	4.2	3.3	3.0	2.0	2.7
乌斯浑河	1.8	2.1	2.0	3.4	4.3	3.3	2.9	1.9	2.7
最大值	2.4	2.1	2.1	3.5	5.0	3.6	3.2	2.1	2.8
最小值	1.6	2.0	1.8	3.4	3.8	3.2	2.8	1.8	2.6
流域平均	1.9	2.1	1.9	3.4	4.2	3.3	2.9	1.9	2.7

2015 年 Margalef 指数显示（表 2-16），流域各月平均 Margalef 指数均在 1.9 以上，流域全年 Margalef 指数为 2.7，勉强可以达到了标准清洁水平；尤其是 6 月、7 月和 8 月，这 3 个月 31 个采样点都处于清洁状况。与其他月比较，1 月、5 月和 10 月似乎均以重污染为主要特征，而 2 月和 9 月似乎以中污染为主要特征。从各断面年均值来看，Margalef 指数介于 2.6 ～ 2.8，似乎处于中污染的状态，各断面变化幅度较小。从单次评价结果来看，1 月最低值发生在大山咀子和马莲河断面，评价结果为 1.6，这也是全年的最低值，处于重污染水平。2 月、6 月和 10 月各断面清洁程度基本处于标准清洁和中度污染的交界状态，而且以中污染断面居多。单次最清洁时间和断面发生在 7 月的五林河，评价结果均为 5.0。

群落物种多样性是群落组织独特的生物学特征，它反映了群落特有的物种组成和个体密度特征。总体趋势来看，牡丹江流域 Shannon-Wiener 多样性指数、Pielou 均匀度指数和 Margalef 指数表现为：夏季＞春季＞秋季＞冬季。若按多样性来对水体质量状况进行评价，则夏季水质要优于其他季节。

这主要是因为春季的温度虽然适宜硅藻的大量生长，形成硅藻数量上升的一个高峰，但由于东北的气温较低，抑制了蓝藻、绿藻的快速生长，而在夏季温度较春季有明显升高，水源又有了新的补给，较容易形成硅藻、绿藻、蓝藻的种类增加并大量繁殖，因而其多样性也相应升高了；秋季的水温容易给硅藻的生长带来次高峰，但已经不如春季明显；冬季的多样性指数相对而言是最低的，因为气温较冷，浮游植物的种类大大下降，造成了浮游植物多样性较低。

调查期间，水质整体趋势以标准清洁为主。

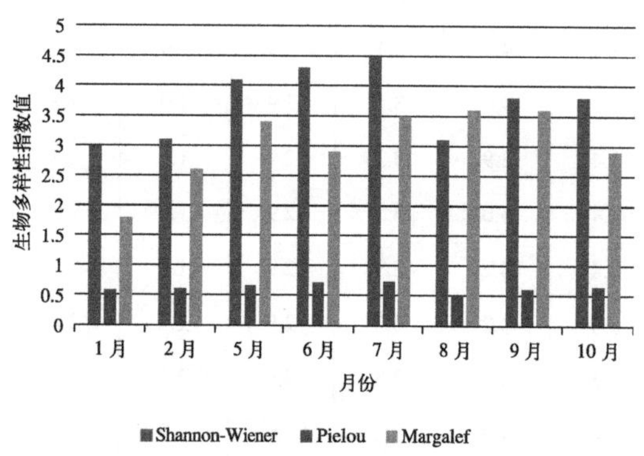

图 2-8　牡丹江流域 2014 年各月份生物多样性评价结果

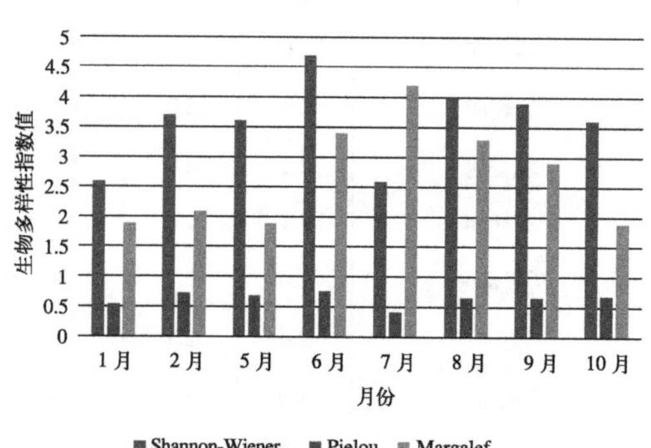

图 2-9　牡丹江流域 2015 年各月份生物多样性评价结果

第3章 基于生物与理化指标的牡丹江流域水环境监控体系研究

3.1 牡丹江流域水环境监测站网布设现状

目前牡丹江流域布设的常规水质监测断面及水生生物监测断面基本覆盖了牡丹江流域干支流重要节点，但是随着社会的发展，一方面人类的活动对部分未布设水质断面的支流带来的影响日益凸显，另一方面牡丹江流域存在着水环境管理信息化的建设需求，基于此，本研究在分析现有水质监测站网布设的基础上，根据国家和行业相关规范规程要求，结合流域水环境特点，构建科学合理的水环境监测站网，对现有的监测站网进行全面优化，以提高管理水平与管理效率，为流域水环境管理部门提供更有效的管理与决策依据。

3.1.1 河流湖库水环境监测站点布设现状

目前，牡丹江流域河道共布设了13处水质监测断面。其中，牡丹江干流布设8处，包括大山咀子、西阁、温春大桥、海浪、江滨大桥、柴河大桥、花脸沟和牡丹江口内；支流海浪河布设3处，分别为长汀、海林桥和海浪河口内；支流乌斯浑河布设2处，分别为龙爪和东关。流域内水库设有水质监测断面的包括镜泊湖水库和莲花水库，分别设有3处断面。其中，镜泊湖所设断面分别为老鹄砬子、电视塔和果树场；莲花水库所设断面分别为群力、三道和大坝。

上述各断面监测项目为《地表水环境质量标准》GB 8383—2002所规定的23项基本项目，包括：pH、溶解氧、高锰酸盐指数、化学需氧量、生化学氧量、氨氮、总磷、总氮、铜、锌、氟化物、硒、砷、汞、镉、六价铬、铅、氰化物、挥发酚、石油类、阴离子表面活性剂、硫化物、粪大肠菌群等。

监测频次：1月、2月、5月、6月、7月、8月、9月、10月8个月每月监测一次。

牡丹江流域水质监测断面布设表　　表 3-1

编号	水域名称	断面名称	断面性质	监测项目	监测频次
1	牡丹江干流	大山咀子	省控断面	pH、溶解氧、高锰酸盐指数、化学需氧量、生化学氧量、氨氮、总磷、总氮、铜、锌、氟化物、硒、砷、汞、镉、六价铬、铅、氰化物、挥发酚、石油类、阴离子表面活性剂、硫化物、粪大肠菌群等。	1 月、2 月、5 月、6 月、7 月、8 月、9 月、10 月 8 个月每月监测一次
2		西阁	市控断面		
3		温春大桥	市控断面		
4		海浪	省控断面		
5		江滨大桥	省控断面		
6		柴河大桥	国控断面		
7		花脸沟	省控断面		
8		牡丹江口内	国控断面		
9	海浪河	长汀	研究断面		
10		海林桥	市控断面		
11		海浪河口内	省控断面		
12	乌斯浑河	龙爪	市控断面		
13		东关	市控断面		
14	镜泊湖水库	老鹄砬子	国控断面		
15		电视塔	国控断面		
16		果树场	国控断面		
17	莲花水库	群力	市控断面		
18		三道	市控断面		
19		大坝	市控断面		

3.1.2　饮用水水源地监测断面布设状况

目前，牡丹江流域内集中式饮用水源地共有 6 处（表 3-2）。牡丹江市有西水源、铁路水源 2 处，宁安市有西阁水源地 1 处，海林市有海浪河水源地 1 处，这 4 处水源地均属河流型饮用水源地；林口县有小龙爪水库水源地和高云水库水源地，均属水库型饮用水源地，其中高云水库为备用水源地。上述 6 处饮用水水源地每月监测一次，每年进行一次全分析，执行《地表水环境质量标准》GB 3838—2002 Ⅲ类标准限值。全分析共 109 项，目前牡丹江市环境监测站可测 89 项，其中例行监测 28 项，有机监测项目 61 项。

3.1.3　水功能区监测断面布设状况

牡丹江水系水功能一级区 7 个，分别为：牡丹江镜泊湖自然保护区，牡丹江宁安市开发利用区，牡丹江牡丹江市开发利用区，牡丹江莲花湖自然保护区，牡丹江依兰县保留区，海浪河海林市源头水保护区，海浪河海林市开发利用区。水功能二级区 5 个：牡丹江牡丹江市饮用水源、工业用水区，牡丹江勃海镇农业用水区，牡丹江牡丹江市过渡区，牡丹江柴河工业用水区，海浪河海林市饮用水源、工业用水区。各功能区对应监测断面见表 3-3。由表 3-3 可以看出，牡丹江流域内各水功能区均有水质监测断面布设，部分水功能区有 2 个以上（包含 2 个）监测断面。

牡丹江重要饮用水水源地水质监测断面一览表　　表 3-2

序号	所在河流	断面名称	监测断面位置
1	牡丹江	西水源	牡丹江市
2	牡丹江	铁路水源	牡丹江市
3	牡丹江	西阁水源地	宁安市
4	海浪河	海林市水源地	海林市
5	乌斯浑河	林口县龙爪水库	林口县
6	乌斯浑河	林口县高云水库	林口县（备用水源）

牡丹江水功能区监测断面一览表　　表 3-3

序号	监测断面	河流	水功能一级区	水功能二级区
1	老鹄砬子 电视塔 果树场	牡丹江	牡丹江镜泊湖自然保护区	
2	西阁	牡丹江	牡丹江宁安市开发利用区	渤海镇农业用水区
3	温春大桥 海浪	牡丹江	牡丹江牡丹江市开发利用区	牡丹江饮用水水源、工业用水区
4	江滨大桥	牡丹江		牡丹江市过渡区
5	柴河大桥	牡丹江		柴河工业用水区
6	群力 三道 大坝	牡丹江	牡丹江莲花湖自然保护区	
7	花脸沟 牡丹江口内	牡丹江	牡丹江依兰县保留区	
8	长汀	海浪河	海浪河海林市源头水源保护区	
9	海林桥 海浪河口内	海浪河	海浪河海林市开发利用区	海林市饮用水水源、工业用水区

3.1.4　水生生物监测点布设状况

近年来，随着牡丹江经济的高速发展，随之而来的环境问题也越来越受到重视。其中，水环境是最关注的问题之一。在自然水域中生存着大量的水生生物群落，它们与水环境有着错综复杂的相互关系，对水质变化起着重要作用。生物与环境之间是不可分割的。环境的任何变化都会影响到生物，生物能直接而敏感地反映出环境质量变化的状况，而水环境因素在质和量上的变化都会引起生物种类和数量的变化。不同种类的水生生物对水体污染的适应能力不同，有的种类只适于在清洁水中生活，被称为清水生物（或寡污生物），而有些水生生物则可以生活在污水中，被称为污水生物。水生生物的存亡标志着水质变化程度，因此生物成为水体污化的指标，通过水生生物的调查，可以评价水体被污染的状况。

牡丹江流域的水生生物监测工作开展得较早。早在20世纪80年代，牡丹江市环境监测中心站就开展了水生生物的监测工作，是全国较早进行生物监测的监测站之一。“十五”期间，环境监测部门对牡丹江开展了水生生物监测，以硅藻的种类和数量为最多，优势种均为指示轻－中污染的各种硅藻。“十二五”期间，本研究从2014年开始增加了大量监测断面，布设断面31个，几乎覆盖了牡丹江流域干流和所有较大支流，同时监测频次也与日常水质监测频次保持一致，即每年的1月、2月、5月、6月、7月、8月、9月、10月每月监测一次。其中，除小石河、沙河与珠尔多河3个断面位于吉林省境内外，其余28个断面均位于黑龙江省境内。监测项目包括浮游植物、浮游动物以及底栖动物等。具体监测断面见表3-4。

牡丹江流域水生生物监测断面、监测项目及监测频次 表3-4

序号	水体名称	断面名称	监测项目	监测频次
1	牡丹江干流	大山咀子	浮游植物 浮游动物 底栖动物	1月、2月、5月、6月、7月、8月、9月、10月每月监测一次
2	镜泊湖	老鸪砬子		
3	镜泊湖	电视塔		
4	镜泊湖	果树场		
5	牡丹江干流	西阁		
6	牡丹江干流	温春大桥		
7	海浪河	海林桥		
8	海浪河	海浪河口内		
9	牡丹江干流	海浪		
10	牡丹江干流	江滨大桥		
11	牡丹江干流	桦林大桥		
12	牡丹江干流	柴河大桥		
13	莲花水库	群力		
14	莲花水库	三道		
15	莲花水库	大坝		

续表

序号	水体名称	断面名称	监测项目	监测频次
16	龙爪水库	龙爪	浮游植物 浮游动物 底栖动物	1月、2月、5月、6月、7月、8月、9月、10月每月监测一次
17	乌斯浑河	东关		
18	牡丹江干流	花脸沟		
19	小石河	小石河		
20	沙河	沙河		
21	珠尔多河	珠尔多河		
22	大小夹吉河	大小夹吉河		
23	尔站西沟河	尔站西沟河		
24	马莲河	马莲河		
25	蛤蟆河	蛤蟆河		
26	北安河	北安河		
27	五林河	五林河		
28	头道河子	头道河子		
29	二道河子	二道河子		
30	三道河子	三道河子		
31	乌斯浑河	乌斯浑河		

3.1.5 入河排污口监测点布设状况

2009年牡丹江沿江共有大小22个排污口（图3-1），其中排入牡丹江干流的排污口19个，排入支流海浪河的排污口2个，排入支流乌斯浑河的排污口1个。各排污口分别接纳宁安市、海林市、牡丹江市区和林口县4个县（市）的生活污水和工业废水。海林市的2个排污口废水直接排入海浪河，林口县的总排污口废水排入乌斯浑河，宁安市的3个排污口、牡丹江市区的14个排污口和海林市的2个排污口的废水直接排入牡丹江干流。22个排口中，设有水质监测点的主要排污口有16处。各市、县入河排污口对应关系详见表3-5，主要排污口水质情况见表3-6。

近年来，随着地方政府对流域水污染治理力度的加大，这些排污口的排污情况有所变化，有些排污口污水停止排放，有些排污口污水并入了市政管网并经处理后排入河道，同时也新增了一些排污口。截止到2014年，主要排污口减少到了13个，其中宁安市4个，牡丹江市区5个，海林市3个，林口县1个。各排污口每季度监测一次，分别在2月、5月、8月和10月进行，监测项目为化学需氧量和氨氮。各排污口详细信息见表3-7。

根据《黑龙江省统计年鉴（2015年）》，牡丹江市2014年污水排放总量为8512.8万t，化学需氧量排放量为48565.17t，氨氮排放量为4893.3t。

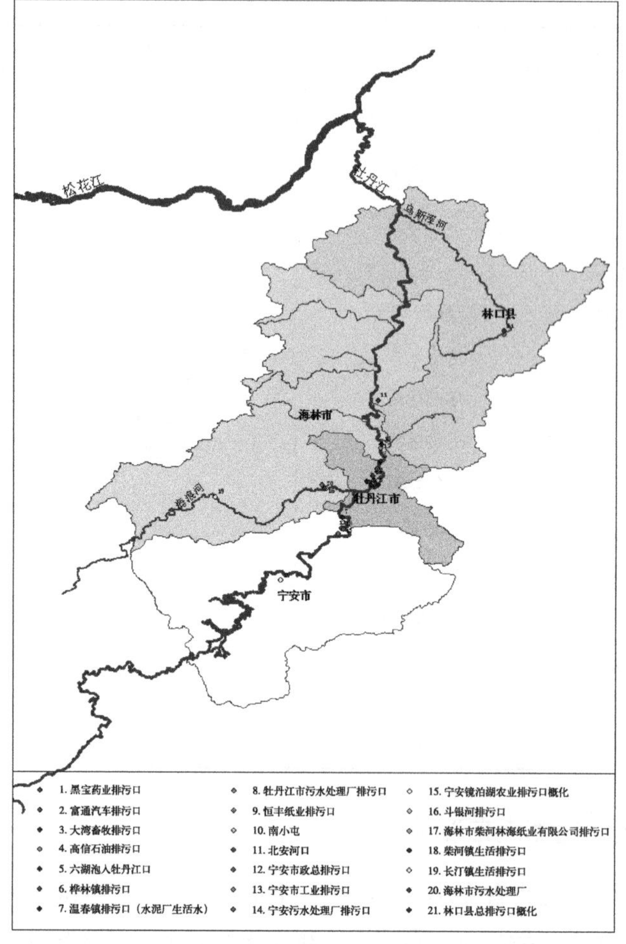

图 3-1　牡丹江流域排污口分布图（2009 年）

污染源与入河排污口对应表（2009 年）　　表 3-5

序号	所属县（市）	排污口名称	序号	所属县（市）	排污口名称
1		宁安市政排污口	12		温春镇生活
2	宁安市	镜泊农业排污口	13		桦林工业
3		三合工业排污口	14		桦林生活
4		斗银河排污口	15		六湖泡
5	海林市	柴河林海纸业有限公司排污口	16	牡丹江 市辖区	南小屯
6		柴河镇生活排污口	17		高信石油排污口
7		长汀镇生活排污口	18		大湾畜牧排污口
8		恒丰纸业排污口	19		富通汽车排污口
9	牡丹江市辖区	北安河	20		黑宝药业排污口
10		牡丹江市污水处理厂排污口	21		华电能源牡丹江第二发电厂
11		温春镇工业	22	林口县	林口县总排污口

牡丹江沿江主要排污口水质监测一览表（2009年）

表3-6

序号	所属城市	排污口名称	排放水域范围	主要污染物监测值范围（mg/L）		污水排放量（万t/年）	地理位置
				COD_{Cr}	NH_3-N		
1	宁安市	镜泊湖农业排污口	果树场—西阁	38.70~103.00	1.050~59.60	35.00	E129° 47.99′，N44° 37.085′
2		宁安工业	西阁—临江	348.00	26.60	173.40	E 129° 29.230′，N 44° 22.024′
3		宁安市政		79.60~198.00	24.10~38.00	383.25	E 129° 28.795′，N 44° 22.251′
4	牡丹江市区	温春镇工业和生活	温春大桥—海浪	70.00~413.00	19.90~48.20	245.00	E129° 48.23′，N44° 42.322′
5		六湖泡	江滨—桦林大桥	19.40~64.10	11.40~22.00	480.00	E129° 62.29′，N44° 57.335′
6		南小屯		51.00	17.50	54.75	E 129° 39.485′，N 44° 35.766′
7		恒丰纸业		42.10~94.00	0.37~1.98	416.65	E 129° 39.476′，N 44° 35.755′
8		牡丹江市污水处理厂		32.80~66.70	7.50~9.90	3714.60	E 129° 39.201′，N 44° 38.357′
		华电能源牡丹江第二发电厂		67.20	6.73	60.00	E 129° 39.201′，N 44° 38.357′
9		北安河口		214.00~44.50	13.50~19.70	147.60	E 129° 39.352′，N 44° 58.426′
10		桦林镇生活		413.00	48.00	49.56	E129° 39.822′，N 44° 41.056′
11		桦林工业		38.43	15.00	199.41	E 129° 40.182′，N 44° 41.206′
12	海林市	柴河镇生活	桦林大桥—柴河大桥	312.00	58.50	292.00	E 129° 40.539′，N 44° 45.885′
13		海林市柴河林海纸业有限公司排污口		99.40~1406.00	1.24~67.75	123.00	E129° 67.23′，N44° 74.962′
14		斗银河口	海浪河	10.40~89.60	5.60~9.50	548.00	E 129° 23.602′，N 44° 33.433′
15		长汀镇生活	海浪河			146.00	
16	林口县	林口县总排污口	乌斯浑河	168.50~172.00	21.80~45.60	392.07	E 130° 17.796′，N 45° 17.796′
总计						7460.29	

牡丹江沿江主要排污口排污信息一览表（2014 年）

表 3-7

序号	所属城市	排污口名称	排放水域范围	主要污染物监测值范围（mg/L）		污水排放量（万 t/ 年）	地理位置	备注
				COD_{Cr}	NH_3-N			
1	宁安市	镜泊湖农业排污口	果树场—西阁	72.8~79.7	0.691~0.743	53.70	E129° 47.99′，N44° 37.085′	
2		东京城镇总排污口	西阁—临江	105.0~117.0	6.520~7.070	58.28	E129° 13.60′，N44° 6.31′	
3		渤海镇排污口		52.4~56.2	5.890~6.290	56.50	E129° 10.35′，N44° 6.37′	
4		宁安城市污水处理厂		31.1~33.3	0.794~0.857	622.17	E129° 28.795′，N44° 22.251′	
5	牡丹江市区	富通空调	江滨—桦林大桥	72.0~78.2	0.353~0.399	3.00	E129° 38.21′，N44° 37.4′	
6		恒丰纸业		27.5~32.6	0.685~0.743	299.66	E129° 39.476′，N44° 35.755′	
7		牡丹江市污水处理厂		31.8~33.3	0.743~0.783	3633.00	E129° 39.201′，N44° 38.357′	
8		北安河口		46.5~120.0	16.900~34.000	147.60	E129° 39.352′，N44° 58.426′	
9		桦林镇生活		123.0~140.0	17.100~18.800	19.42	E129° 39.822′，N44° 41.056′	
10	海林市	柴河镇生活	桦林大桥—柴河大桥	119.0~150.0	26.400~28.500	35.89	E129° 40.539′，N44° 45.885′	
11		海林市柴河林海纸业有限公司排污口		56.9~77.4	0.834~0.909	124.00	E129° 67.23′，N44° 74.962′	
12		海林市污水处理厂	海浪河	31.8~33.3	5.600~5.920	540.00	E129° 33.32′，N44° 21.26′	
13	林口县	林口县总排污口	乌斯浑河	37.7~42.1	4.430~5.000	584.26	E130° 17.796′，N45° 18.21′	
总计						6177.48		

数据来源：1. 黑龙江省重点监控企业环境自行监测信息发布平台；2. 2014 年牡丹江市工业企业污染排放及处理利用情况（基 101 表）。

3.2 监测断面布设原则及要求

3.2.1 河流湖库监测断面布设

3.2.1.1　水质监测断面布设原则

（1）能客观、真实反映自然变化趋势与人类活动对水环境质量的影响状况。

（2）具有较好的代表性、完整性、可比性和长期观测的连续性，并兼顾实际采样的可行性和方便性。

（3）充分考虑河段内取水口和排污口分布，支流汇入及水利工程等影响河流水文情势变化的因素。

（4）避开死水区、回水区、排污口，选择河段较为顺直、河床稳定、水流平稳、水面宽阔、无浅滩的位置。

（5）尽量与现有水文观测断面相结合，以便利用其水文参数，实现水质与水量监测的结合。

3.2.1.2　河流监测断面布设要求

（1）河流或水系背景断面布设在上游接近河流源头处，或未受人类活动明显影响的上游河段。

（2）干、支流流经城市或工业区河段在上、下游处分别布设对照断面和削减断面；污染严重的河段，根据排污口分布及排污状况布设若干控制断面，控制排污量不得小于本河段入河排污总量的 80%。

（3）河段内有较大支流汇入时，在汇入点支流上游及充分混合后的干流下游处分别布设监测断面。

（4）出入国境或水域在出入境处布设监测断面，重要省际河流等水环境敏感水域行政区界处布设监测断面。

（5）水文地质或地球化学异常河段，在上、下游分别布设监测断面。

（6）水生生物保护区及水源型地方病发病区、水土流失严重区布设对照断面和控制断面。

（7）城镇饮用水水源在取水口及其上游 1000m 处布设监测断面。在饮用水源保护区以外如有排污口时，应视其影响范围与程度增设监测断面。

（8）有多个岔路时监测断面设在较大干流上，控制径流量不少于总径流量的 80%。

3.2.1.3 湖库监测断面布设要求

（1）在湖泊、水库出入口、中心区、滞留带、近坝区等水域分别布设监测断面。

（2）湖泊、水库水质无明显差异，采用网格法均匀布设，网格大小依据湖泊、水库面积而定，精度须满足掌握整体水质的要求。设在湖泊、水库的重要供水水源取水口，以取水口为圆心，按扇形法在 100 ～ 1000m 范围布设若干弧形监测断面或垂线。

（3）河道型水库，应在水库上游、中游、近坝区及库尾与主要库湾回水区分别布设监测断面。

（4）湖泊、水库的监测断面布设与附近水流方向垂直；流速较小或无法判断水流方向时，以常年主导流向布设监测断面。

3.2.1.4 受水工程控制断面布设要求

（1）已建、在建或规划的大型水利工程，应根据工程类型、规模和涉水影响范围以及工程进度的不同阶段，综合考虑布设监测断面。

（2）灌溉、排水、引水、阻水、蓄水工程，应根据工程规模与涉水范围分别在取水处、干支渠主要控制节点和主要退水口布设监测断面。

（3）有水工建筑物并受人工控制河段，视情况分别在闸（坝、堰）上、下布设监测断面，如水质常年无明显差别，可只在闸（坝、堰）上布设监测段面。

（4）在引、排、输、蓄水系统的水域，监测断面布设应控制引水、排水节点量的 80%；引、排、输水系统较长的，应适当增加监测断面布设数量。

3.2.2 饮用水源地监测断面布设

根据《全国集中式生活饮用水水源地水质监测实施方案》要求，饮用水源地监测要求如下。

3.2.2.1 监测时间与频次要求

（1）地级以上城市

地级以上城市集中式生活饮用水水源地（包括地表水和地下水水源地）每月上旬采样监测 1 次，由所在地级以上城市环境监测站承担。如遇异常情况，则须加密监测。

（2）县级行政单位所在城镇

县级行政单位所在城镇的集中式地表水饮用水水源地每季度采样监测 1 次，地下水饮用水水源地每半年采样监测 1 次。如遇异常情况，则须加密监测。

（3）水质全分析

地级以上城市集中式生活饮用水水源地每年 6 ～ 7 月进行 1 次水质全分析监测；

县级行政单位所在城镇集中式生活饮用水水源地每 2 年开展 1 次水质全分析监测。

3.2.2.2　监测点位

（1）河流：在水厂取水口上游 100m 附近处设置监测断面；水厂在同一河流有多个取水口，可在最上游 100m 处设置监测断面。

（2）湖、库：原则上按常规监测点位采样，在每个水源地取水口周边 100m 处设置 1 个监测点位进行采样。

（3）地下水：具备采样条件的，在抽水井采样。如不具备采样条件，在自来水厂的汇水区（加氯前）采样。

（4）河流及湖、库采样深度：水面下 0.5m 处。

3.2.2.3　监测项目

（1）每月（县级行政单位所在城镇为每季）监测项目：《地表水环境质量标准》GB 3838—2002 表 1 的基本项目（23 项，化学需氧量除外）、表 2 的补充项目（5 项）和表 3 的优选特定项目（33 项，监测项目及推荐方法详见《全国集中式生活饮用水水源地水质监测实施方案》附表 1），共 61 项，并统计取水量。各地可根据当地污染实际情况，适当增加区域特征污染物。

（2）全分析项目：《地表水环境质量标准》GB 3838—2002 中的 109 项。

3.2.3　水功能区监测断面布设

3.2.3.1　水功能区监测断面基本要求

（1）按水功能区的要求布设监测断面，水功能区具有多种功能的，按主导功能要求布设断面。

（2）每一水功能区监测断面布设不得少于 1 个，并根据影响水质的主要因素与分布状况，增设监测断面。

（3）相邻水功能区界间水质变化较大，或区间有争议的，按影响水质的主要因素增设监测断面。

（4）水功能区内有较大支流汇入时，在汇入点支流的河口上游处及充分混合后的干流下游处分别布设监测断面。

（5）同一湖泊、水库只划分一种类型水功能区的，应按网格法均匀布设监测断面（点）；划分为两种或两种以上水功能区的，应根据不同类型水功能区特点布设监测断面（点）。

3.2.3.2　保护区监测断面布设方法

（1）自然保护区应根据所涉及保护区水域分布情况和主导流向，分别在出入保护区和核心保护区水域布设监测断面；保护区水域范围内有支流汇入时，应在汇入点支流河口上游处布设监测断面。

（2）源头水源保护区应在河流上游未受人类开发利用活动影响的河段布设监测断面，或在水系河源区第一个村落或第一个水文站以上河段布设监测断面。

（3）跨流域、跨省及省内大型调水工程水源地保护区，应按本章 3.2.2 规定布设监测断面；水源地核心保护区应布设一个或若干个监测断面。

3.2.3.3　保留区监测断面布设方法

（1）保留区内水质稳定的，应在保留区下游区界处布设一个监测断面。

（2）保留区内水质变化较大的，应分别在区内主要城镇的重要取、排水口附近水域布设若干个监测断面。

3.2.3.4　缓冲区监测断面布设方法

（1）缓冲区监测断面应根据跨行政区界的类型、区界内影响水质的主要因素以及对相邻水功能区水质影响的程度布设。

（2）上、下游行政区界缓冲区，区间水质稳定的，可在行政区界处布设一个监测断面；区间水质时常变化的，应分别在区界处的上、下游布设监测断面。

（3）左、右岸相邻行政区界缓冲区，区间水质稳定的，在相邻行政区界河段的上游入境处、下游出境处分别布设监测断面。区内污染物随流态变化可能跨左右岸相邻行政区界时，应增设监测断面。

（4）相邻行政区界缓冲区，两岸有支流汇入时，在汇入点支流河口上游增设监测断面；有入河排污口污水汇入时，应视其污染物扩散情况，在入河排污口下游 100 ~ 1000m 处增设监测断面。

（5）以河流为界，既有上下游，又有左右岸交错分布的缓冲区，应根据具体实际情况，按本款（2）~（4）的要求分别布设监测断面。

（6）湖泊、水库缓冲区应根据水体流态特点分别在区界处布设监测断面。河道型水库监测断面布设按照河流缓冲区布设方法与要求布设。相邻水功能区水质管理目标高于缓冲区水质管理目标的，在相邻水功能区区界处增设监测断面。

3.2.3.5　开发利用区监测断面布设方法

（1）饮用水源区应在取水口处、取水口上游 500m 或 1000m 的范围内分别布设一个监测断面。

(2)工业用水区、农业用水区应分别在主要取水口上游1000m范围内布设监测断面。区间有入河排污口的，应在其下游污水均匀混合处布设监测断面。

(3) 渔业用水区一般布设一个或多个监测断面。区内有国家、省级重要经济和保护鱼虾类的产卵场、索饵场、越冬场、洄游通道的，应根据区内水质状况增设监测断面。

(4) 景观娱乐用水区可根据长度或水域面积，布设一个或多个监测断面。

(5) 过渡区应在下游区界处布设监测断面，下游连接饮用水源区的应根据区界内水质状况增设监测断面。

(6) 排污控制区应在下游区界处布设监测断面，区间入河污水浓度变化大的，应在主要入河排污口下游增设监测断面。

3.2.4 水生态环境质量监测断面布设

3.2.4.1 河流水生态环境质量监测断面布设

(1) 监测频次与时间

1) 监测频次

充分考虑水域环境条件、生物类群的时间变化特点、调查目的及人力、费用投入，确定调查频次和调查时间。①至少每年监测1次；②受季节性影响显著的水体的变化趋势评价，应按季度监测，至少每季监测1次；③事故性污染物的监测频率必须考虑污染物效力的严重程度及持续时间，各类监测类群的生命周期及经过采样后的恢复能力也必须予以考虑。

2) 监测时间

按年度监测，一般选择春季或秋季；按季节监测，一般选择春、夏、秋三季。监测时间的确定，既要考虑各项监测指标的变化规律，又要兼顾实际情况。需要注意的是：①若进行逐季监测，各季或各月监测的时间间隔应基本相同；②同一河流中应力求水质同步采样；③生境监测建议在夏季进行，保证观测到河岸植被的覆盖情况。

(2) 点位布设

监测点位的布设，取决于水体和周围环境的自然生态类型、人类干扰强度，以及所用生物监测技术的特殊要求，以满足监测及评价目的为宗旨，须遵从以下原则。

1) 尽可能沿用历史观测点位。

2) 在监测点位采集的样品，须对研究水域的单项或多项指标具有较好的代表性。

3) 生物监测点位应与水文测量、水质理化指标监测站位相同，尽可能获取足够信息，用于解释观测到的生态效应。

4）生物监测点位尽量涵盖到不同的生境类型。

5）在保证达到必要的精度和样本量的前提下，监测点位应尽量少，要兼顾技术指标和费用投入。

6）生境监测位点与生物监测位点保持一致。

7）如果监测的目的是建立大范围、全面的流域生物数据网络，点位须覆盖整个流域范围；如果监测目的是客观评估点源污染的影响，则须在一定范围内进行加密监测。

以下几点需要注意。

1）局部经过人为改变的区域，如小型水坝及桥梁区，除非需要评估其影响，否则应避免在区域内设置站位。

2）避免在支流河口附近设置站位。

3）河流或流域范围的监测，不应当由于栖息地退化或其物理特征已有充分代表而舍弃采样站位。

4）事故性污染物的监测站位应当全面覆盖可能的污染混合带，比如，在排污口下游间隔布设监测站位。

3.2.4.2 湖库水生态环境质量监测断面布设

（1）监测频次

充分考虑水域环境条件，生物类群的时间变化特点，调查目的及人力、费用投入，确定调查频次和调查时间。大范围的湖流或流域环境基线调查及长期的水质监测，第一年每季调查 1 次，之后可每年 1 次；常规监测每季调查 1 次；受季节性影响显著的水体的变化趋势评价，通常应每月（至少每季）调查 1 次；专用站的采样频次与时间视具体要求而定。事故性污染物的监测频率必须考虑污染物效力的严重程度及持续时间，各类监测类群的生命周期及经过采样后的恢复能力也必须予以考虑。

（2）监测时间

一年一次的调查，一般选择春季或秋季；季节性调查，一般选择春、夏、秋三季。监测时间的确定,既要考虑各项监测指标的变化规律,又要兼顾实际情况。需要注意的是：①若进行逐季或逐月调查，各季或各月调查的时间间隔应基本相同；②同一湖泊（水库）应力求水质、水量及时间同步采样；③考虑到浮游生物的日变化，监测时间尽量选择在一天的相近时间,比如 8：00 ～ 10：00,如果无法做到,则需记录下每次实际的监测时间。

（3）点位布设

1）一般原则

点位布设，取决于监测目的以及所用生物监测技术的特殊要求，需遵从以下原则。

①连续性原则：尽可能沿用历史观测点位；生物监测点位应与水文测量、水质理化指标监测点位相同，尽可能获取足够信息，用于解释观测到的生态效应。

②代表性原则：在监测点位采集的样品，需对研究水域的单项或多项指标具有较好的代表性；如果监测的目的是建立大范围、全面的流域生物数据网络，点位需覆盖整个流域范围；如果监测目的是客观评估点源污染的影响，则需在一定范围内进行加密监测。

③实用性原则：在保证达到必要的精度和样本量的前提下，监测点位应尽量少，要兼顾技术指标和费用投入。

2）监测点位布设方法

可采用点位与断面结合的方法，设置湖库水生态环境质量监测点位。具体方法如下。

①针对某一特定问题的专项调查，一般采用目标设计方案，或称“特定位点”设计方案，基于已知的问题或事件选择监测点位。通常，除了目标位点或范围，分别在其上、下游 100 ~ 1000m 处各设置至少 3 个监测点位或断面。

②湖库或区域的基线调查及环境变化趋势评估，一般采用随机选择方案，尽量均匀地在监测范围内设置点位，以便为整个区域的整体环境提供精确的环境信息。根据监测任务目标、湖库面积大小以及人员、费用配备情况，确定监测点位数量。区域性的大范围监测，涉及多个湖库，可根据每个湖库的面积设置 3 ~ 10 个点位；特定湖库的监测，则至少设置 10 个点位。点位布设应兼顾湖滨和湖心，如无明显功能分区，可采用网格法均匀布设。河道型或狭长型湖库，可参考河流的点位布设方法，以断面的方式设置采样点位。

3）注意事项

选择点位时，应注意以下问题：①应在湖库的主要出入口、中心区、滞流区、饮用水源地、鱼类产卵区、游览区等设置相应的点位；②如采用断面法设置点位，断面应与附近水流方向垂直；③峡谷型水库，应在水库上游、中游、近坝区及库层与主要库湾回水区布设断面。

4）采样层次布设方法

采集浮游植物、浮游动物样品时，需根据采样点位的水深设置采样层次。水深 < 2m 时，不分层，在表层下 0.5m 处采集；水深为 2 ~ 5m 时，分别在表层下 0.5m 处、底层上 0.5m 处各采集一次；水深 > 5m 时，则在表层下 0.5m 处、中层以及底层上 0.5m 处各采集一次。另外，水深 < 0.5m 时，在 1/2 水深处采集；水体封冻时，在冰下水深 0.5m 处采集。

3.2.5 入河排污口监测断面布设

3.2.5.1 一般规定

（1）根据水功能区监督管理的需求，应对直接或者通过沟、渠、管道等设施向江河、湖泊、水库排放污水的排污口开展调查与监测。

（2）入河排污口调查与监测，应能较全面、真实地反映流域或区域排放污水所含主要污染物种类、排放浓度、排放总量和入河排放规律；客观地反映节水和用水定额、污水处理和循环利用率、水域纳污能力及排污总量限值等基本状况。

（3）流域或区域入河排污口监测，监测的入河排污口污染物质量和污水排放量之和应分别大于该流域或区域入河污染物质量和污水排放总量的 80%。

（4）入河排污口监测应同步施测污水排放量和主要污染物质的排放浓度，并计算入河污染物排放总量。

（5）对入河排污口污水进行调查、测量和采集样品时，应采取有效防护措施，防治有毒有害物质、放射性物质和热污染等危及人身安全。

3.2.5.2 入河排污口监测要求

（1）污水流量和水质同步监测

1）入河排污口调查性监测每年不少于 1 次，监督性监测每年不少于 2 次。

2）列为国家、流域或省级年度重点监测的入河排污口，监测每年不少于 4 次。

3）因水行政管理的需要所进行的入河排污口抽查性监测，依照管理部门或机构的要求确定监测频次。

（2）污水流量测量和采样

1）入河排污口为连续排放的，每隔 6 ～ 8h 测量和采样一次，连续施测 2d。

2）入河排污口为间歇排放的，每隔 2 ～ 4h 测量和采样一次，连续施测 2d。

3）入河排污口为季节性排放的，应调查排污周期和排放规律，在排放期间，每隔 6 ～ 8h 测量和采样一次，连续施测 2d。

4）入河排污口发生事故性排污时，每隔 1h 测量和采样一次，延续时间可视具体情况而定。

5）入河排污口污水排放有明显波动，又无明显规律可循的，则应加密测量和采样频次；入河排污口污水排放稳定或有明显排放规律的，可适当降低测量和采样频次。

6）有条件的，可根据监测结果绘制入河排污口污水和污染物排放曲线，优化调整监测频次和监测时间。

（3）流量监测方法

根据不同入河排污口和具体条件，可选择下列方法之一进行入河排污口流量监测。但在选定方法时，应注意各自的流量范围和所需条件。

1）流速仪法。根据水深和流速大小选用合适的流速仪。使用流速仪测量时，一般采用一点法。如废污水水面较宽时，应设置测流断面。仪器放入相对水深的位置，可根据水深和流速仪器悬吊方式确定，测量时间不得少于 100s。所使用的流量计、流速仪定期进行计量检定。

2）浮标法。适用于低壁平滑，长度不小于 10m，无弯曲，有一定液面高度的排污渠道。

3）三角形薄壁堰法。堰口角为 90° 的三角形薄壁堰，为废（污）水测量中最常用的测流设备。适用于水头 H 在 0.05 ～ 0.035m，流量 $Q \leqslant 0.1m^3/s$，堰高 $P > 2H$ 时的污水流量的测定。

4）矩形薄壁堰法。适用于较大污水流量的测定。

5）容积法。适用于污水量小于每分钟 $1m^3$ 的排污口。测量时用秒表测定污废水充满容器所需的时间。容器容积的选择应使水充满容器的时间不少于 10s，重复测量数次，取平均值。

6）入河排污口为管道输送污水的，可根据不同情况，分别采用超声波流量计和电磁流量计测流。

7）采用流速仪、浮标、薄壁堰测量污水排放量时，测验环境条件、技术要求和精度等须符合现行国家和行业有关技术标准的规定。

8）施测入河排污口的前三天，无明显降水。

（4）入河排污量计算方法

1）在某一时间间隔内，入河排污口的污水排放量按下式计算：

$$Q = V \times A \times t \tag{3-1}$$

式中：Q——污水排放量，t/d；

V——污水平均流速，m/s；

A——过水断面面积，m^2；

t——日排污时间，s。

2）装有污水流量计的排污口，排放量直接从仪器上读取。

3）经水泵抽取排放的污水量，由水泵额定流量与开泵时间计算。

4）当无法测量污水量时，可根据以下经验计算公式推算污水排放量：

$$Q = q \times w \times k \tag{3-2}$$

式中：Q——污（废）水排放量，t/d；

q——单位产品污水排放量，t/产品；

w——产品日产量；

k——污水入河量系数。

5）入河排污口污水量测量结果应采用水量平衡等方法进行校核。对有地表或地下径流影响的入河排污口，在计算排污量时，应予以合理扣除。

6）入河排污口排污量应按入河各测次分别计算，取加权平均值；根据调查入河排污口周期性或季节性变化排放规律，确定排污天数，计算年排放量。

（5）监测断面（点）布设

1）监测断面（点）可选择在入河排污口（沟渠）平直、水流稳定、水质均匀的部位，但应避免纳污河道水流的影响。有一定宽度和深度的，应按本规范地表水监测有关条款的要求布设监测断面（点）。

2）有涵闸或泵站控制的排污口，在积蓄污水的池塘、洼地内或涵闸、泵站出口处设置监测断面（点）。

3）城镇集中式污水处理设施的进出水口应分别设置采样点。

4）根据农田灌溉方式和退水流向，在灌区主要退水口处布设监测断面（点）；有多处农田退水口时，应控制监测区域入河退水总量的80%以上，建有农田小区径流池的，可在径流池内布设监测断面（点）。

3.3 水质监测站网优化设计

3.3.1 河流湖库监测站网优化布设

目前，牡丹江流域所布设的19处水质监测断面基本覆盖了干流、牡丹江第一大支流海浪河、第二大支流乌斯浑河、镜泊湖水库和莲花水库，基本满足流域水环境监测监控和评价要求，能够客观反映控制河道自然变化趋势和人类活动对水环境质量的影响。然而，随着流域开发程度的加大，除海浪河与乌斯浑河外，其他的一些较大的支流也受到了不同程度的污染，这些支流的汇入对牡丹江干流水质带来了一定影响。牡丹江较大支流基本情况见表3-8。根据3.2.1节水质监测断面布设原则及布设要求，可考虑在流域面积大于$400km^2$以上的支流布设水质监测断面。按照这一原则，需要布设监测断面的支流有海浪河、尔站河、松乙河、蛤蟆河、五林河、头道河、二道河、三道河、乌斯浑河以及小北湖河。

根据表 3-8，海浪河设有 3 处监测断面，可以满足布设要求，无须新增监测断面。乌斯浑河在龙爪和东关设有 2 处监测断面，而东关监测断面距乌斯浑河入干流处约 100km，沿岸有众多乡镇和大面积农田，农田退水携带大量化肥、农药进入河道，入牡丹江干流水质较龙爪和东关断面已发生较大变化，因此可在乌斯浑河入牡丹江干流处（河口内，下同）新增监测断面 1 处。尔站河、松乙河、蛤蟆河、五林河、头道河、二道河、三道河以及小北湖河 8 个子流域内较大城镇较少，工业污染较小，污染物主要来源于农业面源污染，因此，可在这 8 条支流入牡丹江干流处各新增 1 处监测断面。此外，蛤蟆河上游建有大型水利工程桦树川水库，控制流域面积 505km^2，总库容 1.19 亿 m^3，是以灌溉为主，结合防洪、发电、养鱼等综合利用的水库。因此可在桦树川水库坝前增设断面 1 处。新增监测断面具体位置见表 3-9。

新增监测断面监测项目和监测频次与现有监测断面相同，为《地表水环境质量标准》GB 8383—2002 所规定的 23 项基本项目，1 月、2 月、5 月、6 月、7 月、8 月、9 月、10 月 8 个月每月监测一次。

牡丹江较大支流基本情况统计表　　　　表 3-8

序号	支流名称	支流长度(km)	流域面积(km^2)	水利工程	监测断面
1	海浪河	218.8	5251		长汀、海林桥、海浪河口内
2	尔站河	74.0	1010	无	无
3	松乙河		492	无	无
4	大夹吉河		153	无	无
5	房身沟河		206	无	无
6	马莲河	53.0		无	无
7	蛤蟆河	90.0	1805	桦树川水库	无
8	五林河	52.1	1356	无	无
9	头道河	63.0	859	无	无
10	二道河	67.0	727	无	无
11	三道河	80.0	1370	大青水库	无
12	乌斯浑河	141.0	4176	龙爪水库	龙爪、东关
13	小北湖河		422	小北湖	无

牡丹江流域水质监测断面增设表　　表 3-9

序号	设站河道	经度	纬度	站名	附近村镇名
1	尔站河	128° 43'41.36"	43° 58'7.53"	尔站河口内	尔站屯西
2	松乙河	128° 57'53.89"	43° 46'42.50"	松乙河口内	松乙桥村南
3	蛤蟆河	129° 26'21.34"	44° 17'25.54"	蛤蟆河口内	明星村西北
4	五林河	129° 41'0.22"	44° 47'17.37"	五林河口内	柴河镇北
5	头道河	129° 34'25.92"	44° 53'18.56"	头道河口内	长龙村东南
6	二道河	129° 31'10.93"	45° 6'35.03"	二道河口内	永兴村西南
7	三道河	129° 35'27.08"	45° 21'52.00"	三道河口内	板桥林场东
8	乌斯浑河	129° 49'3.20"	45° 49'25.41"	乌斯浑河口内	八女投江纪念地
9	小北湖河	128° 43'52.15"	44° 5'33.06"	小北湖	小北湖坝头
10	桦树川水库	129° 39'54.64"	44° 6'2.36"	桦树川水库大坝	水库坝头

3.3.2 饮用水水源地监测站网优化布设

目前，牡丹江市西水源、铁路水源、宁安市西阁水源地、海林市海浪河水源地、林口县小龙爪水库和高云水库水源地 6 处集中式饮用水水源地每月监测一次，每年进行一次全分析，站网布设满足《全国集中式生活饮用水水源地水质监测实施方案》相关要求，无须再新增监测站点。全分析共 109 项，目前牡丹江市环境监测站可测 89 项，因此需要提升指标监测能力，完善监测项目。

3.3.3 水功能区监测站网优化布设

根据表 3-3 可知，目前牡丹江水系 7 个一级水功能区和 5 个二级水功能区均布设有水质监测断面。其中，牡丹江镜泊湖自然保护区和牡丹江莲花湖自然保护区分别在湖（库）入口、核心区和大坝附近布设 3 处监测断面，分别代表入湖（库）水质、湖（库）水质和出湖（库）水质，此外，莲花水库下游布设有花脸沟监测断面，代表牡丹江市出境水质，符合 3.2.3 节中水功能区监测断面基本要求和保护区监测断面布设方法，无须新增监测断面。

牡丹江宁安市开发利用区于西阁布设 1 处监测断面，代表西阁水源地水质，断面布设满足开发利用区监测断面布设要求及方法，此功能区无须再新增监测断面。

牡丹江牡丹江市开发利用区设有温春大桥、海浪、江滨大桥和柴河大桥 4 处监测段面，其中，温春大桥代表牡丹江市区来水水质，海浪断面代表海浪河与牡丹江混合水质，江滨大桥代表工业用水控制断面，柴河大桥代表牡丹江市区出水水质。根据 3.2.3 节中水功能区监测断面基本要求，水功能区内有较大支流汇入时，在汇入点支流的河口上游处及充分混合后的干流下游处分别布设监测断面，而在现状江滨大桥和柴河大桥之间有北安河汇入牡丹江干流。北安河承纳牡丹江市区大量排水，因此，需要在北安河口下游布设监测断面，以监测北安河与牡丹江混合水质。在“十一五”水专项研究中，曾在牡丹江干流桦林大桥布设研究断面监测北安河与牡丹江混合后的水质。因此，根据水功能区监测断面布设要求，需要重新在桦林大桥布设水质监测断面1处。

牡丹江依兰保留区内布设有牡丹江口内1处监测断面，代表牡丹江入松花江水质。根据保留区监测断面布设方法，保留区内水质稳定的，应在保留区下游区界处布设一个监测断面，因此，该功能区监测断面满足要求，无须新增监测断面。

海浪河共布设有长汀、海林桥和海浪河口内，其中长汀监测断面代表海浪河海林市源头水源保护区水质，海林桥和海浪河口内监测断面分别代表海浪市水源地水质和海浪河入牡丹江水质。监测断面布设满足水功能区监测断面基本要求和布设方法，无须新增监测断面。

牡丹江流域建议水功能区监测断面增删情况　　表3-10

序号	水体名称	断面名称	断面增删
1	牡丹江	桦林大桥	新增断面

3.3.4　水生生物监测站网布设

“十二五”期间，根据研究需要，在牡丹江流域（黑龙江境内）布设水生生物监测断面28个，几乎覆盖了牡丹江流域干流和所有较大支流，同时监测频次也与日常水质监测频次保持一致，每年达到了8次，高于3.2.4节所规定的水生态环境质量监测频次。监测项目包括浮游植物、浮游动物以及底栖动物等。从表3-4可以看出，目前在牡丹江干流、海浪河以及乌斯浑河上所布设的水生生物监测断面与日常水质监测断面布设保持一致，满足水生态环境质量监测断面“尽可能沿用历史观测点位”以及“生物监测点位应与水文测量、水质理化指标监测站位相同，尽可能获取足够信息，用于解释观测到的生态效应”的布设要求。在其他较大支流上，同样也布设了水生生物监测断面，而这些断面尚未布设常规监测断面，因此，本研究中在3.3.1节中建议在这些较大支流中布设常规监测断面，并且综合考虑取样的方便性与代表性，尽量将水生生物监测断面与日常水质监测断面布设在同一位置。

为进一步完善流域水生生物监测站网，在日常工作中可在尚未布设断面的较大支流松乙河、小北湖河、大型水利工程桦树川水库以及林口县备用水源地高云水库，新增 4 处水生生物监测断面；马莲河与大小夹吉河流域面积较小，且上游开发利用强度不大，可删减 2 个监测断面。详细增删断面见表 3-11。

牡丹江流域建议水生生物监测断面增删情况　表 3-11

序号	水体名称	断面名称	断面增删
1	大小夹吉河	大小夹吉河	删减断面
2	马莲河	马莲河	
3	松乙河	松乙河口内	新增断面
4	小北湖河	小北湖坝头	
5	桦树川水库	桦树川水库坝头	
6	高云水库	高云水库坝头	

3.3.5 入河排污口水质监测站网布设

2014 年，牡丹江沿江监测的主要排污口共 13 处，其中宁安市 4 个，牡丹江市区 5 个，海林市 3 个，林口县 1 个。13 处排污口中，污水排放量最大的为牡丹江市污水处理厂，占到监测排污口排污总量的一半以上，达 58.81%，牡丹江市污水处理厂主要接纳和处理牡丹江市区的生活污水，处理后的生活污水排放量占该排放口废水排放量的 99%；其余排污量较大的排污口有宁安城市污水处理厂、海林市污水处理厂、林口县总排污口以及恒丰纸业等，分别占监测排污口排污总量的 10.07%、9.46%、8.74%、4.85%；剩余排污口污水排放量相对较小，所占比例介于 0.05% ~ 2.39%。各排污口每季度监测一次，分别在 2 月、5 月、8 月和 10 月进行，监测项目为化学需氧量和氨氮。

从监测的排污口排污量来看，2014 年入牡丹江的污水排放量为 6177.48 万 t（表 3-7），而该年度全市污水排放总量为 8512.8 万 t。如果扣除穆棱市、东宁县和绥芬河市的污水排放量，初步估算，目前沿江布设的排污口监测断面能够控制牡丹江流域 80% 以上的污水排放量，能较全面、真实地反映牡丹江流域污水排放总量和入河排放规律，满足 3.2.5 节对入河排污口监测断面布设的要求。

从监测频次来看，目前各排污口每年均监测 4 次，即每季度监测 1 次，满足 3.2.5.2 节中“列为国家、流域或省级年度重点监测入河排污口，每年不少于 4 次”的要求。

近年来，牡丹江沿岸城市加大了排污口综合整治力度，原来部分直排的污染企业纳入市政污水管网，经处理后再排入牡丹江干支流，此外，还有部分直排企业也已停产，取消水质监测。

综合来看，目前的入河排污口监测断面布设现状能够满足监控要求，因此无须再新增监测断面。

第4章 牡丹江流域水环境质量评估指标体系及评估模型研究

4.1 水环境评价指标体系的特点

水环境评价主要指水环境质量评价，属于环境评价的一个分支。一般是根据水系的用途，以水环境监测资料为基础，按照一定的评价指标，结合国家标准或行业评价标准，采用单因子或多因子综合评价方法，例如，单因子评价法、综合污染指数法、层次分析法、模糊综合评判法、灰色系统分析法和人工神经网络法和物元分析法、支持向量机法等，对水环境质量进行水质类别判定的定性评价或者合成综合指数值的定量评价。这种狭义的水环境评价通常适合于对水环境质量的总体现状进行客观评价。水环境系统的综合评价是综合水环境系统相关的各种影响因素，包括水体自然属性以及人类社会经济活动等社会属性，对水环境系统的优劣进行系统科学的评判，从而为水环境的污染防治和科学管理提供决策依据。由于水环境涉及众多不确定因素，同时水质评价方法众多，不同评价方法的复杂性、适用性与可信度各异，迄今没有一种统一公认的评价方法，因而水环境评价结果的可靠性在很大程度上与评价方法的科学性相关。因此，采用狭义的水环境评价方法对水质总体现状进行评价，采用水环境系统的综合评价方法开展水环境系统的综合评价。

4.1.1 水环境综合评价的特点

4.1.1.1 整体性

水环境系统评价指标体系是一个复合系统，各子系统的正常运行是发挥综合系统整体功能的基础和基本条件，而综合系统目标的实现则是各子系统运行的总体准则。因此，所建立的水环境系统必须遵循大系统理论和可持续发展等基本原则，将各个子系统作为一个整体来综合权衡考虑。具体表现在以水环境质量评价为主，体现水环境的自然属性，同时考虑水环境对社会经济发展和人类的相互影响，还须兼顾社会属性相关的评价指标。因而，在评价中，除了对水环境的自然因素指标进行评价外，还应包括水环境设施因素指标以及水环境管理因素指标等。

4.1.1.2 层次性

水环境系统是一个结构复杂、功能完善的多目标、多指标、多层次系统。涉及自然属性和社会属性等多方面，高层次系统下面包含较低层次子系统，子系统又包含可能相互关联的各分项指标，评价内容和过程都较为复杂，更须注意全面客观，并且力争做到简洁而精准。

4.1.1.3 定性与定量的结合

评价指标的科学合理性离不开评价指标的合理筛选，须同时注重定量指标和定性指标的平衡。

4.1.1.4 科学性

水环境系统评价指标体系的构建一般运用现代数学评价方法和模型工具，并建立科学合理、统一规范的评价方法和评价步骤，以实现评价过程的定量化、标准化和规范化。

4.1.2 水环境综合评价的步骤

水环境综合评价的步骤包括：确定水环境系统评价对象、评价目标和评价原则，基础资料的调查收集与基础数据的监测，评价指标的确定与检验，指标权重的确定，评价理论方法的选择，评价标准和分级标准的确定，评价技术模型的构建和水环境系统综合评价结果的判定等，如图 4-1 所示。

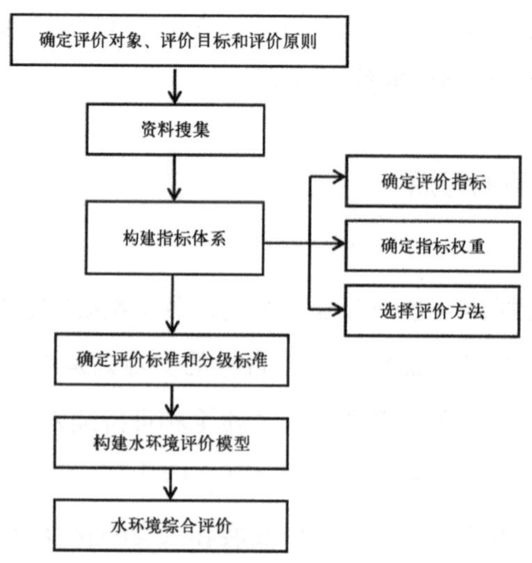

图 4-1 水环境综合评价步骤

4.1.3 体系构建的原则

建立一个科学、合理、可行、可比、简洁易懂、实用通用的水环境系统评价指标体系，应确定评价对象、评价目标，再进行评价指标体系的确定。首先明确该评价体系构建的基本原则，水环境综合评价和其他环境质量评价一样应坚持“水环境可持续发展”的理念。水环境评价除满足评价体系的一般要求外，还应该遵循以下原则。

（1）全面性原则。评价水环境系统的指标必须反映与之相关的水环境质量、社会、人口、经济、管理乃至水环境生态等各个方面，应尽可能“面面俱到”，又要尽量简洁精准。

（2）科学性原则。整个水环境系统评价指标体系从要素构成到整体结构，从各个单项指标的计算内容到计算方法都应当科学、合理、准确。

（3）层次性原则。水环境综合评价指标体系层次结构的构建，可以作为下一步要素及低一级层次分析的前提基础。

（4）目的性原则。水环境系统综合评价的目的应当贯穿于整个评价体系构建的始终。

（5）可比性原则。评价体系的对象和结论应当尽量满足公平可比。

（6）与评价方法一致的原则。不同的评价方法对指标体系的要求存在差别，评价方法的选择十分重要。

4.1.4 评价指标的筛选

从已有的水环境及其相关领域的评价实例可见，评价结论往往会直接受到评价指标筛选的影响。筛选的指标过多会导致重复性，过少又会缺乏代表性。因此，如何全面而又避免过多重复干扰地选取合适的指标集非常重要。目前已有的一些研究成果表明评价指标的筛选，必须遵循灵敏性原则、独立性原则、协调性原则、系统性原则和实用性原则等，但对于如何在筛选指标时贯彻这些原则，目前尚无公认的、整体性的具体方法。总体来说选取评价指标应遵循的一般原则如下。

（1）目的明确。所选用的指标能科学确实地反映评价对象及评价内容。

（2）比较全面且具代表性。选取的指标尽可能覆盖评价的内容，如果有所遗漏，评价就可能出现偏差。虽然无法做到极其全面，但仍须尽量满足。代表性即所选指标能反映评价内容，并尽可能地予以集中体现。

（3）可操作性。综合评价在一定意义下需要用可直接观察、监测的指标去推断不可观察、监测的性能，因而筛选的合适指标需要能较易获得数据且切实可行，最好存在标准值或期望值，具有可操作性。

（4）实用性。由于水环境综合评价指标体系的特殊性，需要各指标清晰易懂，能被政府管理者和公众所理解、接受和使用，指标体系自身应易于与评价模型和信息管理系统联系起来，使其实用性增强。

4.1.5 指标体系的确定

指标体系的确定方法通常有两类：综合法（自下而上的分析方法）和分析法（自上而下的分析方法）。综合法即对已经设定的指标全集按照一定标准进行进一步的分类整理使其体系化，分析法即结合评价对象和评价目标进行逐步细分直到形成具体指标。前者是对问题进行逐级综合和提升，后者是进行逐级分解和细化。

4.1.6 指标权重的确定

在确定好评价体系的基础指标后，由于各指标的性质和量纲不同而无法直接加权比较，因此有必要对单项定性指标进行定量化，即无量纲化。指标的无量纲化方法主要包括阈值法、中心化法、比重法等。在指标无量纲化之后，即可对评价指标进行指标权重的确定。

权重是多指标综合评价中的一个重要内容。指标权重是以某种数量形式对比、权衡水环境系统综合评价指标体系中各指标的相对重要程度的量值。在单项指标已经确定后，由于评价者的主观差异，或者指标间的客观差异，或者各指标信息的可靠程度差异，使得权重系数的变化不可避免地导致评价结论的变化。因此，合理地确定指标权重对水环境系统的综合评价来说具有重要意义。

通常，综合评价中的权重系数根据其来源可分为主观权重和客观权重，对应的定权方法可分为主观赋权法和客观赋权法两大类。

（1）主观赋权法：由评价者根据主观偏好或经验直接给出指标的相对重要程度。该方法一般与评价者对评价对象、评价目标及评价体系的认知程度密切相关，其优点是简便易行，评价者由经验判断给出的权重系数一般不会违反人们的常识，尤其在不具备样本数据时适用范围较广。主观赋权法的缺点是存在一定程度的主观性和随意性，再现能力较差。常用的主观赋权法有专家多轮咨询法（Delphi，即特尔菲法）、层次分析法（Analytic Hierachy Process，AHP）、环比法、二项系数法等。

（2）客观赋权法：基于指标值本身的基础数值特征，通过建立一定的数学模型计算权重系数。其优点是科学性强，不受人为因素影响，再现能力较好。缺点是由于只是一种机械的权重生成方法，忽视了评价者的主观知识与经验等主观偏好信息，而单纯依靠指标信息只能反映数值特征，有可能导致权重系数不合理。常用的客观赋权法有：主成分分析法、聚类分析法、熵值法、因子分析法、多目标最优化方法、变异系数法、复相关系数法等。

由此可见，在综合评价分析中两大类指标权重的确定方法各有优缺点，一般应当采用主客观相结合的定权方法，使评价结果更具说服力。鉴于此，本研究采用熵值法结合层次分析法来确定各评价指标的权重值。

4.2　基于 DPSIR 模型的牡丹江市水环境安全评价

4.2.1　DPSIR 模型基本原理

20 世纪 80 年代末，联合国经济合作开发署（OECD）与联合国环境规划署（UNEP）首次共同提出了压力 - 状态 - 响应（PSR）模型，被广泛应用在生态环境研究方面，而后基于改进 PSR 模型的缺点，欧洲环境署则在 PSR 模型的基础上添加了驱动力和影响两类指标构成了 DPSIR 模型。

DPSIR 模型各指标因素密切关联，存在着驱动力（driving forces）→压力（pressure）→状态（state）→影响（impact）→响应（responses）的因果关系链，如图 4-2 所示。

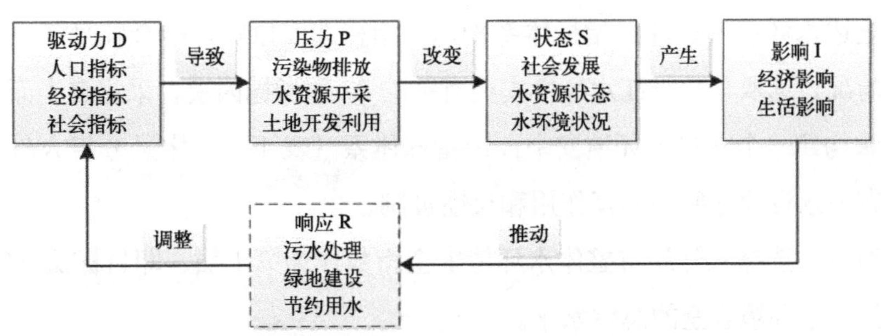

图 4-2　DPSIR 模型各类型关系图

在这 5 个生态环境安全的影响因子中，驱动力（D）是指由于人口与社会经济发展的需要而引起生态环境变化的潜在原因，包括人口密度、自然增长率，以及相关的农业、工业、资源、能源等因素的生产、消费、技术创新等。压力（P）指来自于驱动力的对生态环境资源的需求和作用，如水资源开发利用、土地资源开发利用、能源开发利用、工农业及生活排放废水废气固体废物等对生态环境的作用。状态（S）主要指社会经济发展、水资源开发利用、水质水生态等。影响（I）是指在状态因子的压力下原有生态环境系统发生的变化。响应（R）是指人类在感知影响后制定的促进可持续发展的对策和制度，如节水型社会建设、截污减排、增加绿化面积、提高资源利用率等，响应中包含的对策可以对驱动力、压力、影响都有相应的规范、限制作用，以减低对生态环境的破坏。

在每种类型中又包含若干种更为具体详细的指标，构成评价生态环境安全的指标体系。

该模型较系统客观地从引起评价对象变化的因素，即驱动力因素、压力因素方面，分析评价对象与这些驱动力、压力因素之间的相互作用关系，对在这些压力作用下的评价对象进行系统评价，分析该评价对象的状态或可能的发展方向，预测该状态下的评价对象对与之相关的因素的影响，计算出各个相关因素对评价对象的影响程度。

DPSIR 模型能够在更加系统的角度上分析人类与生态环境的相互作用，也可以说 DPSIR 模型是为衡量生态环境及生态系统可持续发展而开发出来的。

将 DPSIR 模型应用于牡丹江市水环境安全评价，选取与城市水环境安全密切相关的评价指标体系，分析其相互作用及对水环境安全的影响程度，从而较为系统客观地分析牡丹江市水环境的状态或可能的发展方向，有针对性地提出改善问题的合理性建议。

4.2.2 牡丹江市水环境安全评价指标体系构建

根据上述水环境安全评价指标体系构建及指标选取原则，结合牡丹江市水环境现状的基本情况，选取与牡丹江水环境安全有关的 27 项指标因素，采用自上而下、逐层分解的方法构建一个 4 层水环境安全评价指标体系（表 4-1），定量分析人口—经济—环境—生态—水资源之间的相互作用和反馈机制。

具体而言，选择牡丹江市整体水环境安全指数作为第 1 层，即目标层（O），用来指示牡丹江市水环境安全的总体水平。

第 2 层为准则层（A），包括驱动力（D）、压力（P）、状态（S）、影响（I）和响应（R）5 大类指标。每个准则层都代表不同的过程，包含不同的指标。5 个准则层相结合可较为全面地反映水环境系统受到社会经济与人类活动的影响，现有的环境状况以及应当采取的积极措施。

第 3 层为要素层（B），即按照不同的环境要素类型进行的分层。

第 4 层为指标层（C），该指标体系选取的 27 项指标能够较全面地反映牡丹江市水环境安全影响因素，且指标数据易于取得，意义明确，便于推广应用。

牡丹江市水环境安全评价指标体系　　表 4-1

<table>
<tr><th>目标层
O</th><th>准则层
A</th><th>要素层
B</th><th>指标层
C</th><th>单位</th><th>指标
性质</th></tr>
<tr><td rowspan="27">水环境
安全度</td><td rowspan="4">驱动力 A1</td><td rowspan="3">人口 B1</td><td>人口密度 C1</td><td>人 /km^2</td><td>负向</td></tr>
<tr><td>城市人口密度 C2</td><td>人 /km^2</td><td>负向</td></tr>
<tr><td>人口自然增长率 C3</td><td>‰</td><td>负向</td></tr>
<tr><td>经济 B2</td><td>人均 GDP C4</td><td>万元</td><td>负向</td></tr>
<tr><td rowspan="8">压力
A2</td><td rowspan="2">供水压力 B3</td><td>人均日生活用水量 C5</td><td>t</td><td>负向</td></tr>
<tr><td>城市全年供水总量 C6</td><td>万 t</td><td>负向</td></tr>
<tr><td rowspan="3">环境压力 B4</td><td>废水排放总量 C7</td><td>万 t</td><td>负向</td></tr>
<tr><td>化学需氧量排放量 C8</td><td>t</td><td>负向</td></tr>
<tr><td>氨氮排放量 C9</td><td>t</td><td>负向</td></tr>
<tr><td rowspan="3">生产压力 B5</td><td>化肥施用折纯量 C10</td><td>（折纯）万 t</td><td>负向</td></tr>
<tr><td>生活垃圾无害化处理率 C11</td><td>%</td><td>正向</td></tr>
<tr><td>工业固体废物综合利用率 C12</td><td>%</td><td>正向</td></tr>
<tr><td rowspan="7">状态
A3</td><td>社会发展状况 B6</td><td>城镇居民恩格尔系数 C13</td><td></td><td>正向</td></tr>
<tr><td rowspan="3">水资源状况 B7</td><td>水资源总量 C14</td><td>亿 m^3</td><td>正向</td></tr>
<tr><td>城市用水普及率 C15</td><td>%</td><td>正向</td></tr>
<tr><td>年末供水综合生产能力 C16</td><td>万 t/d</td><td>正向</td></tr>
<tr><td rowspan="2">水质状况 B8</td><td>城市饮用水源地水质达标率 C17</td><td>%</td><td>正向</td></tr>
<tr><td>水功能区水质达标率 C18</td><td>%</td><td>正向</td></tr>
<tr><td>水生态状况 B9</td><td>生物多样性指数 C19</td><td>无量纲</td><td>正向</td></tr>
<tr><td rowspan="3">影响
A4</td><td rowspan="2">经济影响 B10</td><td>工业生产总值 C20</td><td>亿元</td><td>负向</td></tr>
<tr><td>农、林、牧、渔业总产值 C21</td><td>亿元</td><td>负向</td></tr>
<tr><td>生活影响 B11</td><td>人均水资源占有量 C22</td><td>m^3/ 人</td><td>负向</td></tr>
<tr><td rowspan="5">响应
A5</td><td rowspan="2">环境响应 B12</td><td>建成区绿化覆盖率 C23</td><td>%</td><td>正向</td></tr>
<tr><td>人均公园绿地面积 C24</td><td>m^2</td><td>正向</td></tr>
<tr><td rowspan="2">污水处理响应 B13</td><td>建成区排水管道密度 C25</td><td>km/km^2</td><td>正向</td></tr>
<tr><td>污水处理率 C26</td><td>%</td><td>正向</td></tr>
<tr><td>节水响应 B14</td><td>有效灌溉面积比例 C27</td><td>%</td><td>正向</td></tr>
</table>

注：正向指标表示的含义为：指标值评价结果占评价标准的比例越大，对评价结果影响越好；负向指标表示的含义为：指标值评价结果占评价标准的比例越小，对评价结果影响越好。

查找相关数据资料，对 2010 ~ 2014 年牡丹江市水环境安全度进行评价。资料来源包括《黑龙江省统计年鉴》《牡丹江市国民经济和社会发展统计公报》《黑龙江省环境状况公报》《牡丹江市环境质量公报》《牡丹江市固体废物污染环境防治信息公告》《中国城市统计年鉴》以及相关规划、研究成果、学术成果等。2010 ~ 2014 年牡丹江市水环境安全评价指标统计数据见表 4-2。

牡丹江市水环境安全评价指标统计数据 表 4-2

准则层 A	要素层 B	指标层 C	2010 年	2011 年	2012 年	2013 年	2014 年
驱动力 A1 (0.15)	B1	C1	69	69	67	68.3	66
		C2	8180	8214	8226	8014	7768
		C3	0.09	–1.28	0.31	1.28	0.25
	B2	C4	2.75	3.37	3.92	4.21	4.52
压力 A2 (0.15)	B3	C5	94.2	104	102.7	92.4	106.9
		C6	43592	22837	22711	22374.2	23804.1
	B4	C7	9463	7203.9	9672	9162	8512.8
		C8	54600	53385.1	51218.1	48995.9	48565.17
		C9	5430	5630.3	5168.1	4951.6	4893.3
	B5	C10	7.6107	7.8034	8.1444	8.4758	8.766
		C11	100	100	97.5	100	98
		C12	96.37	96.45	97.99	100	61
状态 A3 (0.3)	B6	C13	34.9	38.7	36.6	36.7	28.6
	B7	C14	110.38	76.02	92.14	133.3	116.8
		C15	92.1	92.4	95.7	96.1	94.9
		C16	130.2	130.2	130.3	128	123
	B8	C17	100	100	100	100	91.5
		C18	80	80	85.7	100	100
	B9	C19	2.64	1.94	2.25	2.97	2.43
影响 A4 (0.2)	B10	C20	446.4	592.4	725.1	868.2	941.9
		C21	201.79	250.19	307.95	320.28	348.27
	B11	C22	4105	2845	3549	5028	4552
响应 A5 (0.2)	B12	C23	38.6	39.2	38.8	38.8	37.6
		C24	10.5	10.5	10.6	10.7	11.2
	B13	C25	5.09	5.09	5.00	4.96	5.28
		C26	21.50	43.30	37.74	39.84	85.76
	B14	C27	11.22	12.59	13.39	13.09	13.02

4.2.3　指标等级划分

标准值的确定是做好评价工作的一个关键，标准值的合适与否直接影响到评价结果的好坏，标准值的选取可归纳为以下 4 类。

（1）已有国家或国际标准的标准值（较优级别的标准值为安全值，较劣级别的为不安全值）。

（2）国家或研究地区的发展规划和环境保护计划目标。

（3）国内外发达地区具有的现状值或趋势外推值（安全值参考国内平均水平和国内外现处于领先水平的城市安全值，不安全值采用国内或国际公认的较劣值）。

（4）对那些没有任何标准可供参考的指标，根据专家的研究成果或经验，研究区域的均值或峰值作为标准结果。

在获取相应的水环境评价指标体系原始数值后，为了更加清晰明确地判断牡丹江市水环境安全度等级，立足我国国情，借鉴相关研究成果，结合牡丹江市水资源和水环境的实际情况，给出牡丹江市水环境安全评价指标的参考最劣取值和最优取值，这两个值在牡丹江市水环境安全评价等级计算中则分别对应该指标相对于Ⅰ级、Ⅴ级的评价标准临界值。依据牡丹江市水环境安全度的评价标准临界值，将牡丹江市水环境安全度依次划分为Ⅰ级、Ⅱ级、Ⅲ级、Ⅳ级、Ⅴ级 5 个评价等级，这 5 个评价等级在水环境安全度的计算中依次代表了牡丹江市水环境安全度的等级为很不安全、较不安全、基本安全、良好、理想 5 个水平，这 5 个等级标准能较为准确地反映出牡丹江市水环境安全度，各等级数值范围见表 4-3。相对于这个 5 个评价等级，牡丹江市水环境安全评价指标等级与标准见表 4-4。

牡丹江水环境安全度等级划分　　表 4-3

等级	Ⅰ级	Ⅱ级	Ⅲ级	Ⅳ级	Ⅴ级
安全级别	很不安全	较不安全	基本安全	良好	理想
等级范围	0 ~ 0.2	0.2 ~ 0.4	0.4 ~ 0.6	0.6 ~ 0.8	0.8~1.0
状态描述	生态环境遭受严重破坏，不适宜人类生存发展，生态系统已失去功能并且无法恢复	生态环境遭受破坏，勉强满足人类生存发展，生态功能退化且恢复困难	生态系统脆弱，基本满足人类生存发展，有一定的生态问题且无法承受较大干扰	生态系统较完善，较适宜人类生存发展，生态环境较好且能承受一定的干扰	生态系统功能结构完整，生态环境优越，适宜人类生存发展，系统再生能力强

牡丹江市水环境安全评价指标等级与标准 表 4-4

指标层 C	单位	Ⅰ级	Ⅱ级	Ⅲ级	Ⅳ级	Ⅴ级
人口密度 C1	人 /km^2	110	90	70	50	30
城市人口密度 C2	人 /km^2	12000	10000	8000	6000	4000
人口自然增长率 C3	‰	9	7	5	3	1
人均 GDP C4	万元	12	8	4	2	1
人均日生活用水量 C5	t	160	140	120	100	80
城市全年供水总量 C6	万 t	50000	40000	30000	20000	10000
废水排放总量 C7	万 t	15000	12000	9000	6000	3000
化学需氧量排放量 C8	t	90000	70000	50000	30000	10000
氨氮排放量 C9	t	9000	7000	5000	3000	1000
化肥施用折纯量 C10	（折纯）万 t	12	10	8	6	4
生活垃圾无害化处理率 C11	%	60	70	80	90	100
工业固体废物综合利用率 C12	%	60	70	80	90	100
城镇居民恩格尔系数 C13	无量纲	59	50	40	30	25
水资源总量 C14	亿 m^3	30	60	90	120	150
城市用水普及率 C15	%	80	85	90	95	100
年末供水综合生产能力 C16	万 t/d	60	80	100	120	140
城市饮用水源地水质达标率 C17	%	88	91	94	97	100
水功能区水质达标率 C18	%	20	40	60	80	100
生物多样性指数 C19	无量纲	0	1	2	3	4
工业生产总值 C20	亿元	1600	1300	1000	700	400
农、林、牧、渔业总产值 C21	亿元	600	500	400	300	200
人均水资源占有量 C22	m^3/ 人	6000	5000	4000	3000	2000
建成区绿化覆盖率 C23	%	25	30	35	40	45
人均公园绿地面积 C24	m^2	6	8	10	12	14
建成区排水管道密度 C25	km/km^2	3	4	5	6	7
污水处理率 C26	%	50	60	70	80	90
有效灌溉面积比例 C27	%	7	9	11	13	15

4.2.4 权重值计算

4.2.4.1 熵值法确定指标权重值

熵是系统无序程度的度量，可以用于度量已知数据所包含的有效信息量和确定权重，在水质评价中得到了广泛应用。在水质评价中，通过对“熵”的计算确定权重，就是根据各项监测指标值的差异程度，确定各指标的权重。当各评价对象的某项指标值相差较大时，熵值较小，说明该指标提供的有效信息量较大，其权重也应较大；反之，若某项指标值相差较小，熵值较大，说明该指标提供的信息量较小，其权重也应较小。

熵值法是一种客观赋权法。用熵值法确定指标权重值时，首先要对所要评价的指标原始值进行标准化处理，然后确定某一个评价指标的熵定义值和各指标的差异性系数，从而得出某项指标的熵权值。根据计算出的指标熵权值分析该项指标占评价标准的比例，得出该项指标因子对评价结果的影响程度。

（1）指标的无量纲化处理。获取评价指标的原始数据，根据评价指标的性质，应用以下两个公式对数据进行标准化处理。

当 X_{ij} 为正向指标时：

$$Y_{ij}=\frac{X_{ij}-X_{\min}}{X_{\max}-X_{\min}} \tag{4-1}$$

当 X_{ij} 为负向指标时：

$$Y_{ij}=\frac{X_{\max}-X_{ij}}{X_{\max}-X_{\min}} \tag{4-2}$$

式中，X_{ij} 为第 i 年份第 j 项指标的原始数值；Y_{ij} 为第 i 年份第 j 项指标 X_{ij} 的标准化值；$X_{\max}$ 为该项指标的参考最优取值；$X_{\min}$ 为该项指标的参考最劣取值。

根据表 4-2 所列出的 2010 ~ 2014 年牡丹江市水环境安全评价的各项评价指标的原始数值和表 4-4 列出的评价牡丹江市水环境安全所选取的各项指标的等级参考值，各项指标标准化数值如 Y_{ij} 矩阵所示。

（2）计算指标 X_{ij} 的比重 P_{ij}：

$$P_{ij}=\frac{Y_{ij}}{\Sigma_i Y_{ij}} \tag{4-3}$$

（3）计算第 j 项指标的熵值 e_j：

$$e_j=-\mathrm{k}\Sigma\ (p_{ij}\ln p_{ij}) \tag{4-4}$$

其中，$0\leqslant e_j\leqslant 1$

式中，k 为常数；n 为指标个数。

（4）计算第 j 项指标的权重值 g_j：

$$g_j=1-e_j \tag{4-5}$$

其中，$0\leqslant g_j\leqslant 1$。

（5）确定第 j 个指标的熵权值 W_j：

$$W_j=\frac{g_j}{\Sigma g_j} \tag{4-6}$$

其中，$0 \leqslant W_j \leqslant 1$，$\Sigma W_j=1$。

	指标层	2010 年	2011 年	2012 年	2013 年	2014 年
	C1	0.5093	0.5148	0.5392	0.5215	0.5489
	C2	0.4775	0.4733	0.4718	0.4983	0.5290
	C3	1.0000	1.0000	1.0000	0.9650	1.0000
	C4	0.1591	0.2155	0.2655	0.2918	0.3200
	C5	0.8225	0.7000	0.7163	0.8450	0.6638
	C6	0.1602	0.6791	0.6822	0.6906	0.6549
	C7	0.4614	0.6497	0.4440	0.4865	0.5406
	C8	0.4425	0.4577	0.4848	0.5126	0.5179
	C9	0.4463	0.4212	0.4790	0.5061	0.5133
	C10	0.5487	0.5246	0.4820	0.4405	0.4043
	C11	1.0000	1.0000	0.9375	1.0000	0.9500
	C12	0.9093	0.9113	0.9498	1.0000	0.0250
	C13	0.2912	0.4029	0.3412	0.3441	0.1059
$Y_{ij}=$	C14	0.6698	0.3835	0.5178	0.8608	0.7233
	C15	0.6050	0.6200	0.7850	0.8050	0.7450
	C16	0.8775	0.8775	0.8788	0.8500	0.7875
	C17	1.0000	1.0000	1.0000	1.0000	0.2917
	C18	0.7500	0.7500	0.8213	1.0000	1.0000
	C19	0.6600	0.4850	0.5625	0.7425	0.6075
	C20	0.9613	0.8397	0.7291	0.6098	0.5484
	C21	0.9955	0.8745	0.7301	0.6993	0.6293
	C22	0.4738	0.7887	0.6127	0.2429	0.3620
	C23	0.6800	0.7100	0.6900	0.6900	0.6300
	C24	0.5625	0.5625	0.5750	0.5875	0.6500
	C25	0.5214	0.5214	0.5000	0.4888	0.5706
	C26	0.0001	0.0001	0.0001	0.0001	0.8941
	C27	0.5270	0.6984	0.7984	0.7607	0.7522

熵权值计算结果见表 4-5。

熵权值计算结果统计表　　表 4-5

指标层	比重 P_{ij}					熵值 e_j	权重值 g_j	熵权值 W_j
	2010 年	2011 年	2012 年	2013 年	2014 年			
C1	0.0308	0.0302	0.0317	0.0299	0.0344	0.1648	0.8352	0.0377
C2	0.0289	0.0277	0.0278	0.0286	0.0331	0.1565	0.8435	0.0381
C3	0.0606	0.0586	0.0588	0.0553	0.0626	0.2538	0.7462	0.0337
C4	0.0096	0.0126	0.0156	0.0167	0.0200	0.0946	0.9054	0.0409
C5	0.0498	0.0410	0.0421	0.0485	0.0416	0.2102	0.7898	0.0357
C6	0.0097	0.0398	0.0401	0.0396	0.0410	0.1703	0.8297	0.0375
C7	0.0279	0.0381	0.0261	0.0279	0.0339	0.1621	0.8379	0.0378
C8	0.0268	0.0268	0.0285	0.0294	0.0324	0.1549	0.8451	0.0382
C9	0.0270	0.0247	0.0282	0.0290	0.0322	0.1526	0.8474	0.0383
C10	0.0332	0.0307	0.0284	0.0253	0.0253	0.1539	0.8461	0.0382
C11	0.0606	0.0586	0.0552	0.0573	0.0595	0.2512	0.7488	0.0338
C12	0.0551	0.0534	0.0559	0.0573	0.0016	0.1976	0.8024	0.0362
C13	0.0176	0.0236	0.0201	0.0197	0.0066	0.1058	0.8942	0.0404
C14	0.0406	0.0225	0.0305	0.0494	0.0453	0.1852	0.8148	0.0368
C15	0.0366	0.0363	0.0462	0.0462	0.0467	0.2029	0.7971	0.0360
C16	0.0531	0.0514	0.0517	0.0487	0.0493	0.2298	0.7702	0.0348
C17	0.0606	0.0586	0.0588	0.0573	0.0183	0.2245	0.7755	0.0350
C18	0.0454	0.0440	0.0483	0.0573	0.0626	0.2311	0.7689	0.0347
C19	0.0400	0.0284	0.0331	0.0426	0.0381	0.1825	0.8175	0.0369
C20	0.0582	0.0492	0.0429	0.0350	0.0344	0.2069	0.7931	0.0358
C21	0.0603	0.0513	0.0430	0.0401	0.0394	0.2164	0.7836	0.0354
C22	0.0287	0.0462	0.0361	0.0139	0.0227	0.1545	0.8455	0.0382
C23	0.0412	0.0416	0.0406	0.0396	0.0395	0.1969	0.8031	0.0363
C24	0.0341	0.0330	0.0338	0.0337	0.0407	0.1780	0.8220	0.0371
C25	0.0316	0.0306	0.0294	0.0280	0.0357	0.1634	0.8366	0.0378
C26	0.0000	0.0000	0.0000	0.0000	0.0560	0.0491	0.9509	0.0429
C27	0.0319	0.0409	0.0470	0.0436	0.0471	0.2018	0.7982	0.0360

4.2.4.2　AHP 法确定权重

层次分析法（Analytic Hierarchy Process，简称 AHP）是美国运筹学家、匹兹堡大学教授 Saaty 在 20 世纪 70 年代初提出的一种对定性问题进行定量分析的简便、灵活而又实用的多准则决策方法。AHP 法的基本出发点是：假设有 N 个元素，对任意两因素 i 和 j 进行比较，C_{ij} 表示相对重要性之比，则由 C_{ij}（i，j=1，2，…，N）构成一个

判断矩阵 $\boldsymbol{C}=(C_{ij})\ N\times N$，此矩阵实际上是对定性思维过程的定量化。

AHP 法首先确定需要评价的系统目标，在系统目标的基础上，确定评价目标，收集评价系统目标所需的范围、准则和各种约束条件等；按评价目标的不同，将各个元素进行相应归类，建立一个多层次的递阶结构，将系统分为几个等级层次；然后利用层次分析法，将各相邻间的层次进行两两比较，确定以上递阶结构中相邻层次元素间相关程度；最后，计算各层元素在评价的系统目标中的权重值，并将各层元素的权重值进行总排序，以确定递阶结构图中最底层各个元素的总目标中的重要程度，从而确定各个元素对评价目标的影响程度。

近年来，应用 AHP 法来确定权重的综合指数法以其便于横向和纵向比较的特点在水环境安全评价中得到了广泛应用。但是，传统 AHP 法用于赋权计算时的运算过程十分繁杂。针对这一缺点，本文采用改进型层次分析法（Improved Analytical Hierarchy Process，IAHP）对各评价指标进行赋权，使得赋权计算过程大大简化。

传统 AHP 方法的判断矩阵定量评价值在评价时采用萨迪提出的 1 ～ 9 标度方法。在实际应用时，由于考虑因素的多样性，决策者很难用该法来刻画各个元素的相对重要性程度，如某个因素比另一个因素重要得多，决策者在标度 7 和 5 之间作出选择相当困难。本研究对传统的 AHP 法进行了改进，引用了一种三标度法。此外，由于判断矩阵检验在 AHP 法中是必不可少的，如果一致性检验不通过，必须凭着大致的估计来调整判断矩阵，有时需要多次调整才能通过一致性检验，带来很大的计算工作量，因此，本研究除采用 0、1、2 三标度法外，还利用构造最优传递矩阵的方法，对传统 AHP 法进行了进一步改进。该法采用自调节方法建立比较矩阵，然后将其转化成一致性判断矩阵，不需要进行一致性检验，使之自然满足一致性要求。IAHP 法赋权步骤如下。

（1）建立层次分析模型。将问题所含的要素分组，把每一组作为一个层，由高到低包括综合层、系统层和指标层等层次。

（2）采用三标度法构造比较矩阵。这一步骤是 IAHP 法的一个关键步骤。比较矩阵表示针对上一层中的某元素而言，根据数据资料、专家意见和分析者的认识，加以平衡，评定该层次中各有关元素相对重要性的情况。

确定每一层次上的各因素之间的重要性程度的三标度比较矩阵：

$$\boldsymbol{C}'=(c'_{ij})_{\mathrm{mxm}} \tag{4-7}$$

本研究中，准则层指标权重参考国内研究成果，驱动力、压力、状态、影响和响应的权重分别为 0.15、0.15、0.30、0.20 和 0.20。各准则层比较矩阵见表 4-6。

各准则层指标比较矩阵　　表 4-6

a. 驱动力指标比较矩阵

	C1	C2	C3	C4
C1	1	0	2	0
C2	2	1	2	0
C3	0	0	1	0
C4	2	2	2	1

b. 压力指标比较矩阵

	C5	C6	C7	C8	C9	C10	C11	C12
C5	1	1	0	0	0	0	0	0
C6	1	1	0	0	0	0	0	0
C7	2	2	1	1	1	2	2	2
C8	2	2	1	1	1	2	2	2
C9	2	2	1	1	1	2	2	2
C10	2	2	0	0	0	1	2	2
C11	2	2	0	0	0	0	1	1
C12	2	2	0	0	0	0	1	1

c. 状态指标比较矩阵

	C13	C14	C15	C16	C17	C18	C19
C13	1	0	0	0	0	0	0
C14	2	1	2	2	0	0	0
C15	2	0	1	1	0	0	0
C16	2	0	1	1	0	0	0
C17	2	2	2	2	1	2	2
C18	2	2	2	2	0	1	2
C19	2	2	2	2	0	0	1

d. 影响指标比较矩阵

	C20	C21	C22
C20	1	2	2
C21	0	1	2
C22	0	0	1

e. 响应指标比较矩阵

	C23	C24	C25	C26	C27
C23	1	2	0	0	0
C24	0	1	0	0	0
C25	2	2	1	0	2
C26	2	2	2	1	2
C27	2	2	0	0	1

（3）计算比较矩阵 $\boldsymbol{O}$ 的最优传递矩阵：

$$\boldsymbol{O}=（o_{ij}）_{\mathrm{mxm}} \tag{4-8}$$

式中，$o_{ij}=\frac{1}{m}\sum_{k=1}^{m}\left(c'_{ik}+c'_{kj}\right)$

（4）把最优传递矩阵 O 转化为一致性矩阵作为判断矩阵：

$$\boldsymbol{C}=（c_{ij}）_{\mathrm{mxm}} \tag{4-9}$$

式中，$c_{ij}=\exp\{o_{ij}\}$

(5)层次单排序。根据判断矩阵 $\boldsymbol{C}$ 计算出该层各元素关于上层次某元素的优先权重，称为层次单排序。$\boldsymbol{C}$ 矩阵中的最大特征值对应的特征向量作为该层 n 个元素的相对权重值，即

$$CX=\lambda_{\max}\boldsymbol{X} \tag{4-10}$$

其中，$\boldsymbol{X}=[X_1,\ X_2,\ \cdots,\ X_n]^T$ 为特征向量，作为该层次 n 个元素的相对权重向量。本文采用乘积方根法计算特征向量的近似值，即

$$\begin{bmatrix} \boldsymbol{X}=\left[X_1,X_2,\ldots X_n\right]^T \\ \boldsymbol{X}=\left(\prod_{k=1}^{n}c_{ij}\right)^{\frac{1}{n}}\Big/\sum_{k=1}^{n}\left(\prod_{k=1}^{n}c_{ij}\right)^{\frac{1}{n}} \end{bmatrix} \tag{4-11}$$

（6）层次总排序利用同一层次单排序的结果，就可以计算针对上一层次而言的本层次所有元素的重要性权重值。

根据上述计算流程，求得各指标权重计算结果如表 4-7。

各指标权重计算结果 表 4-7

层次 A	A1	A2	A3	A4	A5	综合权重 R_j
	0.15	0.15	0.3	0.2	0.2	
层次 C						
C1	0.1674					0.0251
C2	0.2760					0.0414
C3	0.1015					0.0152
C4	0.4551					0.0683
C5		0.0511				0.0077
C6		0.0511				0.0077
C7		0.2022				0.0303
C8		0.2022				0.0303
C9		0.2022				0.0303

续表

层次 A	A1	A2	A3	A4	A5	综合权重 R_j
	0.15	0.15	0.3	0.2	0.2	
层次 C						
C10		0.1226				0.0184
C11		0.0843				0.0126
C12		0.0843				0.0126
C13			0.0518			0.0156
C14			0.1222			0.0367
C15			0.0796			0.0239
C16			0.0796			0.0239
C17			0.2879			0.0864
C18			0.2163			0.0649
C19			0.1626			0.0488
C20				0.5627		0.1125
C21				0.2889		0.0578
C22				0.1483		0.0297
C23					0.1148	0.0230
C24					0.0770	0.0154
C25					0.2556	0.0511
C26					0.3813	0.0763
C27					0.1713	0.0343

4.2.4.3　指标组合权重值的计算

根据式（4-12）对选取的各项指标因子，采用熵值法和改进的层次分析法的算术平均法计算评价指标最终的组合权重值，具体计算结果见表 4-8。

$$Q_j = \frac{\left(W_j + R_j\right)}{2} \tag{4-12}$$

式中，Q_j 为指标的组合权重；R_j 为 IAHP 法确定的指标权重。

牡丹江市水环境安全评价指标权重值　　　表 4-8

准则层	指标层	熵权值 W_j	IAHP 权重值 R_j	组合权重值 Q_j	
驱动力 A1	C1	0.0377	0.0251	0.0314	0.1502
	C2	0.0381	0.0414	0.0397	
	C3	0.0337	0.0152	0.0245	
	C4	0.0409	0.0683	0.0546	

续表

准则层	指标层	熵权值 W_j	IAHP 权重值 R_j	组合权重值 Q_j	
压力 A2	C5	0.0357	0.0077	0.0217	
	C6	0.0375	0.0077	0.0226	
	C7	0.0378	0.0303	0.0341	
	C8	0.0382	0.0303	0.0342	0.2228
	C9	0.0383	0.0303	0.0343	
	C10	0.0382	0.0184	0.0283	
	C11	0.0338	0.0126	0.0232	
	C12	0.0362	0.0126	0.0244	
	C13	0.0404	0.0156	0.0280	
	C14	0.0368	0.0367	0.0367	
	C15	0.0360	0.0239	0.0299	
状态 A3	C16	0.0348	0.0239	0.0293	0.2772
	C17	0.0350	0.0864	0.0607	
	C18	0.0347	0.0649	0.0498	
	C19	0.0369	0.0488	0.0428	
	C20	0.0358	0.1125	0.0742	
影响 A4	C21	0.0354	0.0578	0.0466	0.1547
	C22	0.0382	0.0297	0.0339	
	C23	0.0363	0.0230	0.0296	
	C24	0.0371	0.0154	0.0263	
响应 A5	C25	0.0378	0.0511	0.0444	0.1951
	C26	0.0429	0.0763	0.0596	
	C27	0.0360	0.0343	0.0352	

4.2.4.4 安全度计算

为了解各指标之间的相互关系以及各指标、各子系统（即各准则层）与整个系统之间的关系，需要对各指标及各准则层安全指数进行计算，计算公式见式（4-13）～式（4-15）。

各指标水环境安全指数计算见式（4-13）：

$$ESI_{ij} = Y_{ij} \times Q_j \tag{4-13}$$

式中，ESI_{ij} 表示指标层各指标的水生态安全指数；Y_{ij} 表示指标层各指标的标准化值；Q_j 表示各指标的组合权重值。

各子系统水环境安全指数计算见式（4-14）：

$$ESI_{kj}= \Sigma ESI_{ij}\ (i=1,\ 2,\ \cdots,\ n) \tag{4-14}$$

式中，ESI_{kj} 表示各子系统（准则层）的水环境安全指数；n 表示子系统（准则层）指标个数。

系统水环境安全度的计算如式（4-15）：

$$ESI = \Sigma Y_{ij} \times Q_j \tag{4-15}$$

根据表 4-8 计算出的各指标组合权重值，分别运用式(4-13)～式(4-15)计算得出 2010～2014 年牡丹江市水环境系统各指标（表 4-9）、各子系统指标值及系统安全度（表 4-10）。

各指标水环境安全指数计算结果　　表 4-9

目标层	准则层 A	指标层 C	2010 年	2011 年	2012 年	2013 年	2014 年
系统水环境安全度	驱动力 A1	C1	0.0160	0.0162	0.0169	0.0164	0.0172
		C2	0.0150	0.0149	0.0148	0.0156	0.0166
		C3	0.0314	0.0314	0.0314	0.0303	0.0314
		C4	0.0050	0.0068	0.0083	0.0092	0.0101
	压力 A2	C5	0.0258	0.0220	0.0225	0.0265	0.0208
		C6	0.0050	0.0213	0.0214	0.0217	0.0206
		C7	0.0145	0.0204	0.0139	0.0153	0.0170
		C8	0.0139	0.0144	0.0152	0.0161	0.0163
		C9	0.0140	0.0132	0.0150	0.0159	0.0161
		C10	0.0172	0.0165	0.0151	0.0138	0.0127
		C11	0.0314	0.0314	0.0294	0.0314	0.0298
	状态 A3	C12	0.0286	0.0286	0.0298	0.0314	0.0008
		C13	0.0091	0.0127	0.0107	0.0108	0.0033
		C14	0.0210	0.0120	0.0163	0.0270	0.0227
		C15	0.0190	0.0195	0.0247	0.0253	0.0234
		C16	0.0276	0.0276	0.0276	0.0267	0.0247
		C17	0.0314	0.0314	0.0314	0.0314	0.0092
		C18	0.0236	0.0236	0.0258	0.0314	0.0314
	影响 A4	C19	0.0207	0.0152	0.0177	0.0233	0.0191
		C20	0.0302	0.0264	0.0229	0.0192	0.0172
		C21	0.0313	0.0275	0.0229	0.0220	0.0198
		C22	0.0149	0.0248	0.0192	0.0076	0.0114
	响应 A5	C23	0.0214	0.0223	0.0217	0.0217	0.0198
		C24	0.0177	0.0177	0.0181	0.0185	0.0204
		C25	0.0164	0.0164	0.0157	0.0154	0.0179
		C26	0.0000	0.0000	0.0000	0.0000	0.0281
		C27	0.0166	0.0219	0.0251	0.0239	0.0236

各系统安全指数及总体水环境安全度计算结果　　表 4-10

	2010 年	2011 年	2012 年	2013 年	2014 年
驱动力 A1	0.0674	0.0692	0.0715	0.0715	0.0753
压力 A2	0.1505	0.1678	0.1626	0.1722	0.1341
状态 A3	0.1524	0.1419	0.1541	0.1760	0.1338
影响 A4	0.0763	0.0786	0.0651	0.0487	0.0484
响应 A5	0.0720	0.0783	0.0805	0.0794	0.1098
系统安全指数	0.5186	0.5359	0.5338	0.5478	0.5015

从表 4-10 可以看出，2010 ~ 2014 年度系统水环境安全度分别为 0.5186、0.5359、0.5338、0.5478、和 0.5015，连续 5 年水环境安全度处于基本安全等级，且安全度变化不大（图 4-3），说明近几年牡丹江市的水环境系统相对稳定且基本可以满足地方经济社会发展的需求，但水环境系统相对脆弱，无法承受较大程度的干扰，需要加强区域内水环境治理与保护工作。

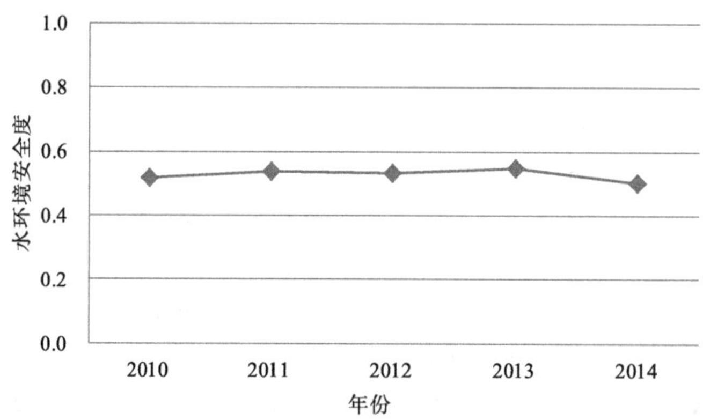

图 4-3　牡丹江市 2010 ~ 2014 年水环境安全度变化趋势图

就各子系统而言，2010 ~ 2014 年驱动力（A1）安全指数分别为 0.0674、0.0692、0.0715、0.0715 和 0.0753，基本呈稳定状态，略显上升趋势，其原因主要是由人均 GDP（C4）的增加而引起的。2010 ~ 2014 年压力（A2）安全指数分别为 0.1505、0.1678、0.1626、0.1722 和 0.1341，说明 2010 ~ 2013 年压力相对稳定，而到 2014 年则呈加大趋势，究其原因主要是由于 2014 年工业固体废物综合利用率（C12）突然降低导致的。2010 ~ 2014 年状态（A3）安全指数分别为 0.1524、0.1419、0.1541、0.1760 和 0.1338，说明 2013 年水环境状态为 5 年来最好，2014 年水环境状态最差，但总体而言变化幅度不大。2010 ~ 2014 年影响（A4）安全指数分别为 0.0763、0.0786、0.0651、0.0487 和 0.0484，影响安全指数呈下降趋势，表明随着工、农业总产值的逐年增加，对环境的影响愈加明显。2010 ~ 2014 年响应（A5）安全指数分别为 0.0720、0.0783、0.0805、0.0794 和 0.1098，基本呈稳步上升趋势，说明近年来地方政府在水环境保护与水污染防治方面投入的力度越来越大，特别是污水处理率在 2014 年有大幅度提升。各系统安全指数变化趋势见图 4-4。

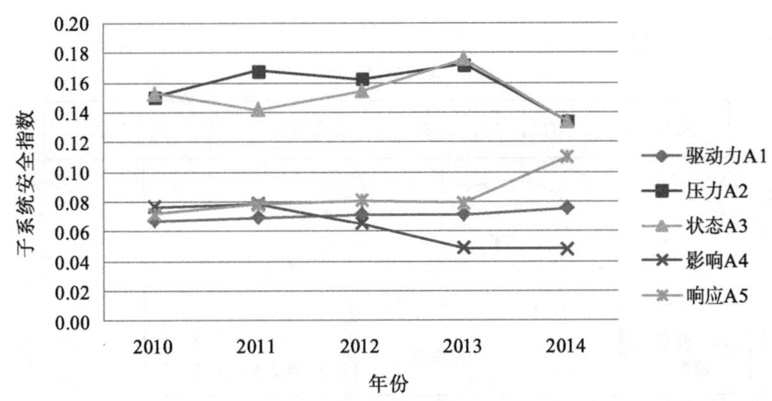

图 4-4　牡丹江市 2010 ~ 2014 年水环境子系统安全指数变化趋势图

4.2.5　小结

DPSIR 模型为综合分析流域或区域水环境安全与社会经济活动之间的因果关联提供了一个基本框架。基于 DPSIR 模型建立起来的牡丹江市水环境安全评价指标体系兼具科学性、完整性、灵活性、易得性和简易性等特点，可用于指示牡丹江市社会活动和经济发展对区域水环境安全产生的一系列影响以及牡丹江市为了适应、削弱甚至预防这一影响而采取的一系列积极措施。基于 DPSIR 模型的牡丹江市水环境安全评价指标体系可为其他流域或区域水环境安全评价提供参考和借鉴，具有潜在的实用价值。

根据所构建指标体系及评价标准，采用 DPSIR 模型对牡丹江市水环境系统安全度进行评估，从评估结果来看，近年来牡丹江市水环境安全状况处于基本安全状态，但相对脆弱。地方政府应制定相应的水环境安全防治措施，应坚持预防为主、防治结合、综合治理的原则，优先保护饮用水源，严格控制工业污染、城镇生活污染，防治农业面源污染，积极推进水环境治理工程建设，预防、控制和减少水环境污染和破坏。同时，应针对牡丹江目前存在的水环境问题，结合当地气候、水文、水质特点制定牡丹江水质综合保障方案，研发相关技术，找到切实可行的水质安全保障途径。

4.3 水环境质量预警模型研究

4.3.1 模型简介

EFDC 模型主要包括 6 个部分:(1) 水动力模块,(2) 水质模块,(3) 底泥迁移模块,(4)毒性物质模块,(5)风浪模块,(6)底质成岩模块。EFDC 水动力学模型包含 6 个方面,水动力变量、示踪剂、温度、盐度、近岸羽流和漂流。水动力学模型输出变量可直接与水质、底泥迁移和毒性物质等模块耦合。图 4-5 为模型结构示意图。

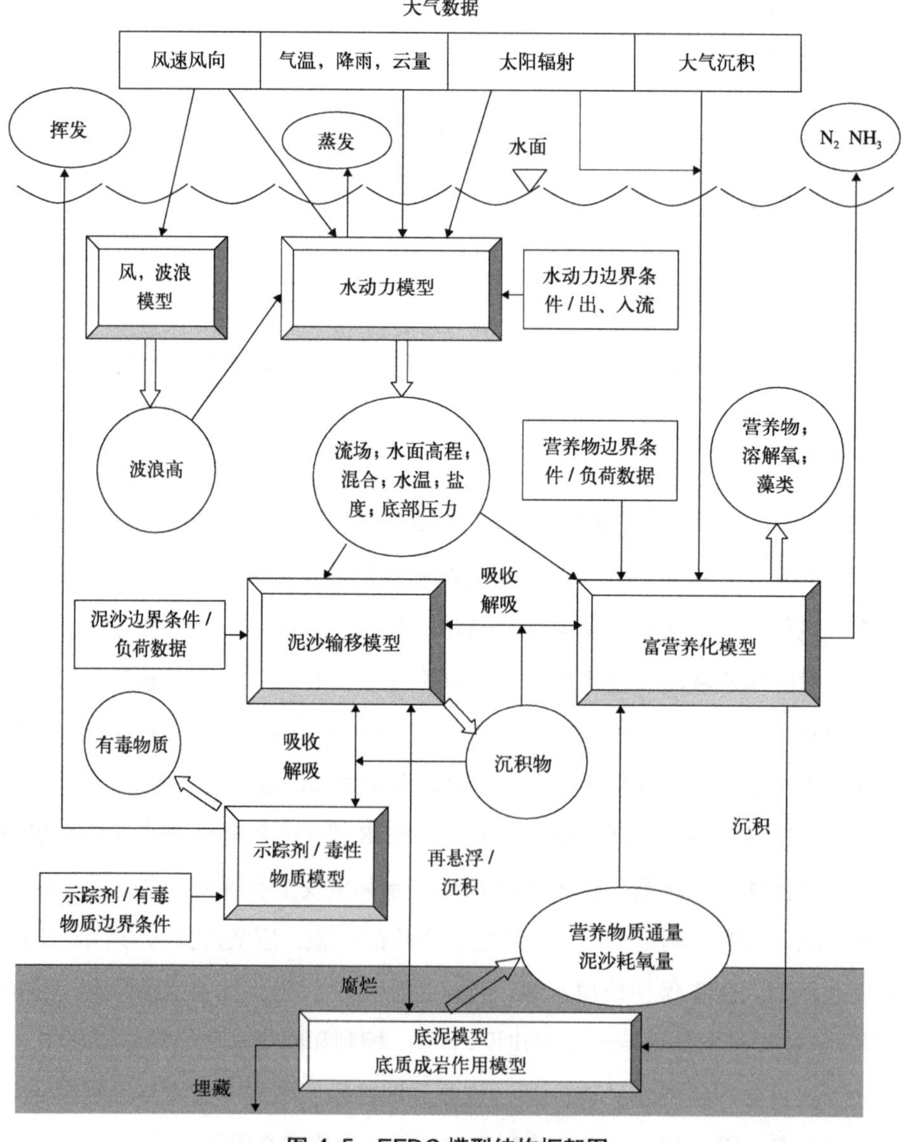

图 4-5 EFDC 模型结构框架图

4.3.2 模型原理

4.3.2.1 垂向 σ 坐标变换

对于底面起伏变化较大的水体，如果在垂向上采用等间距分层将会产生较大的计算误差，为了解决这类问题，在垂向采用 σ 坐标变换。σ 坐标变换是将自由水面和不规则水体底面变成了 σ 坐标中的表层和底层坐标平面，“水深”为 1，这可以使整个计算水域垂向具有相同的网格数而且可任意分层，从而保证浅水部分有了更高的垂向分辨率（图 4-6），而且从数值方法上讲，σ 坐标系中方程的离散求解要容易得多。在 σ 坐标系下，具有垂向的、良好的地形拟合性，因此，得到了越来越广的应用。图 4-7 为垂向 σ 坐标变换示意图，σ 坐标变换的公式如下：

$$z=\frac{z^{*}+h}{\zeta+h} \tag{4-16}$$

式中，z^* 表示原来的物理纵坐标，z 表示 σ 坐标下的纵坐标，$-h$ 和 ζ 分别是底部地形物理纵坐标和自由水面物理纵坐标。

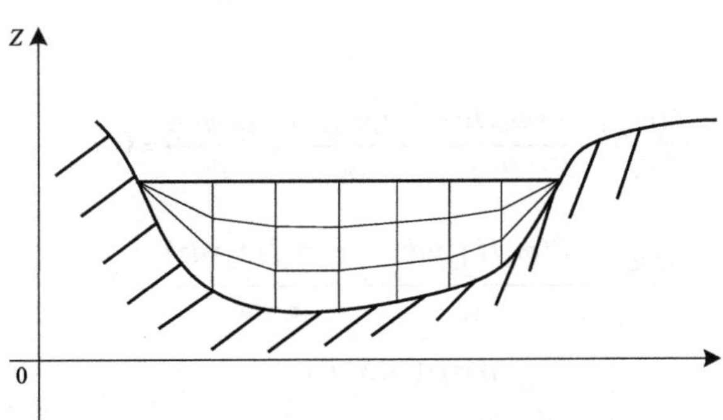

图 4-6　垂向 σ 坐标下分层示意图

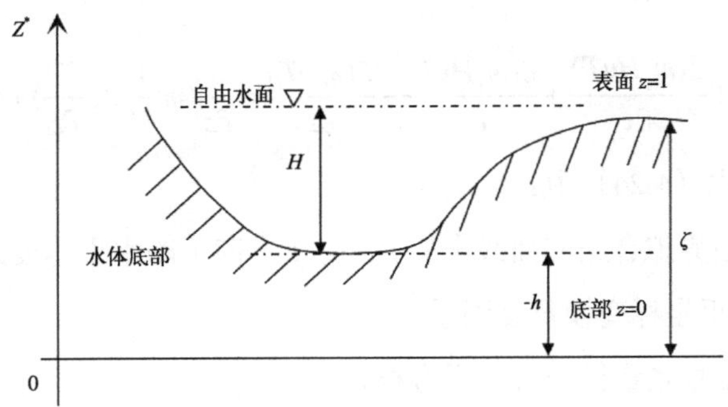

图 4-7　垂向 σ 坐标转化示意图

4.3.2.2 水动力学模型控制方程组

水动力学方程是基于三维不可压缩的、变密度紊流边界层方程组，为了便于处理由于密度差而引起的浮升力项，常常采用 Boussinesq 假设。在水平方向上采用曲线正交坐标变换和在垂直方向上采用 sigma 坐标变换，经过这两种变换后的控制方程如下。

动量方程为：

$$\begin{aligned}&\frac{\partial(mHu)}{\partial t}+\frac{\partial(m_{\mathrm{y}}Huu)}{\partial x}+\frac{\partial(m_{\mathrm{x}}Hvu)}{\partial y}+\frac{\partial(mwu)}{\partial z}-(mf+v\frac{\partial m_{\mathrm{y}}}{\partial x}-u\frac{\partial m_{\mathrm{x}}}{\partial y})Hv\\&=-m_{\mathrm{y}}H\frac{\partial(g\zeta+p)}{\partial x}-m_{\mathrm{y}}(\frac{\partial h}{\partial x}-z\frac{\partial H}{\partial x})\frac{\partial p}{\partial z}+\frac{\partial}{\partial z}(m\frac{1}{H}A_{\mathrm{V}}\frac{\partial u}{\partial z})+Q_{\mathrm{u}}\end{aligned} \tag{4-17}$$

$$\begin{aligned}&\frac{\partial(mHv)}{\partial t}+\frac{\partial(m_{\mathrm{y}}Huv)}{\partial x}+\frac{\partial(m_{\mathrm{x}}Hvv)}{\partial y}+\frac{\partial(mwv)}{\partial z}+(mf+v\frac{\partial m_{\mathrm{y}}}{\partial x}-u\frac{\partial m_{\mathrm{x}}}{\partial y})Hu\\&=-m_{\mathrm{x}}H\frac{\partial(g\zeta+p)}{\partial y}-m_{\mathrm{x}}(\frac{\partial h}{\partial y}-z\frac{\partial H}{\partial y})\frac{\partial p}{\partial z}+\frac{\partial}{\partial z}(m\frac{1}{H}A_{\mathrm{V}}\frac{\partial v}{\partial z})+Q_{\mathrm{v}}\end{aligned} \tag{4-18}$$

$$\frac{\partial p}{\partial z}=-gH\frac{\rho-\rho_0}{\rho_0}=-gHb \tag{4-19}$$

连续方程为：

$$\frac{\partial(m\zeta)}{\partial t}+\frac{\partial(m_{\mathrm{y}}Hu)}{\partial x}+\frac{\partial(m_{\mathrm{x}}Hv)}{\partial y}+\frac{\partial(mw)}{\partial z}=0 \tag{4-20}$$

$$\frac{\partial(m\zeta)}{\partial t}+\frac{\partial(m_{\mathrm{y}}H\int_0^1 udz)}{\partial x}+\frac{\partial(m_{\mathrm{x}}H\int_0^1 vdz)}{\partial y}=0 \tag{4-21}$$

$$\rho=\rho(p,S,T) \tag{4-22}$$

物质输移方程为：

$$\frac{\partial(mHS)}{\partial t}+\frac{\partial(m_{\mathrm{y}}HuS)}{\partial x}+\frac{\partial(m_{\mathrm{x}}HvS)}{\partial y}+\frac{\partial(mwS)}{\partial z}=\frac{\partial}{\partial z}(m\frac{1}{H}A_{\mathrm{b}}\frac{\partial S}{\partial z})+Q_{\mathrm{S}} \tag{4-23}$$

$$\frac{\partial(mHT)}{\partial t}+\frac{\partial(m_{\mathrm{y}}HuT)}{\partial x}+\frac{\partial(m_{\mathrm{x}}HvT)}{\partial y}+\frac{\partial(mwT)}{\partial z}=\frac{\partial}{\partial z}(m\frac{1}{H}A_{\mathrm{b}}\frac{\partial T}{\partial z})+Q_{\mathrm{T}} \tag{4-24}$$

式（4-17）~式（4-24）中：

u、v、w——边界拟合正交曲线坐标 x、y、z 方向上的水平速度分量；

m_{x}、m_{y}——水平坐标变换尺度因子；

$m=m_{\mathrm{x}}m_{\mathrm{y}}$——度量张量行列式的平方根；

A_{v}——垂向紊动黏滞系数；

A_b——垂向紊动扩散系数；

f——科里奥利系数；

p——压力；

ρ——混合密度；

ρ_0——为参考密度；

S——某种水质组分浓度；

T——温度；

Q_u、Q_v——动量的源汇项；

Q_S——浓度的源汇项；

Q_T——温度的源汇项。

在各种系数已知的条件下，联立式（4-17）～式（4-24），可以解出 u、v、w、p、ρ、S、T 和 ζ 8 个变量。

经过 σ 坐标变换后沿垂直方向 z 的速度 w 与坐标变换前的垂向速度 w^* 间的关系为：

$$w = w^* - z(\frac{\partial \zeta}{\partial t} + u\frac{1}{m_x}\frac{\partial \zeta}{\partial x} + v\frac{1}{m_y}\frac{\partial \zeta}{\partial y}) + (1-z)(u\frac{1}{m_x}\frac{\partial h}{\partial x} + v\frac{1}{m_y}\frac{\partial h}{\partial y}) \tag{4-25}$$

$H = h + \zeta$ 为总水深，是坐标变换前垂向坐标相对于 $z = 0$ 的平均水深 h 与自由水面波动 ζ 之和。式（4-21）是由式（4-20）得到的沿深度积分的连续性方程，积分时利用了垂向边界条件 $z = 0$ 和 $z = 1$ 处 $w = 0$。

4.3.2.3　紊流闭合模型

控制方程组中黏性系数 A_v 和扩散系数 A_b 由下式确定：

$$A_v = \phi_v ql = 0.4(1+36R_q)^{-1}(1+6R_q)^{-1}(1+8R_q)ql \tag{4-26}$$

$$A_b = \phi_b ql = 0.5(1+36R_q)^{-1}ql \tag{4-27}$$

$$R_q = \frac{gH\partial_z b}{q^2} \times \frac{l^2}{H^2} \tag{4-28}$$

式中，q^2 为紊动强度；l 为紊动长度；R_q 为 Richardson 数；φ_v 和 φ_b 是稳定性函数，用来分别确定稳定和非稳定垂向密度分层条件下水体的垂直混合或输运的增减，其中紊动强度和紊动长度由以下一组输移方程来确定。

$$\begin{aligned}&\frac{\partial(mHq^2)}{\partial t} + \frac{\partial(m_y Huq^2)}{\partial x} + \frac{\partial(m_x Hvq^2)}{\partial y} + \frac{\partial(mwq^2)}{\partial z} = \frac{\partial}{\partial z}(m\frac{1}{H}A_q\frac{\partial q^2}{\partial z}) + Q_q\\&+2m\frac{1}{H}A_v\left[\left(\frac{\partial u}{\partial z}\right)^2 + \left(\frac{\partial v}{\partial z}\right)^2\right] + 2mgA_b\frac{\partial b}{\partial z} - 2mH\frac{1}{B_1 l}q^3\end{aligned} \tag{4-29}$$

$$\frac{\partial(mHq^2l)}{\partial t}+\frac{\partial(m_yHuq^2l)}{\partial x}+\frac{\partial(m_xHvq^2l)}{\partial y}+\frac{\partial(mwq^2l)}{\partial z}=\frac{\partial}{\partial z}(m\frac{1}{H}A_q\frac{\partial q^2l}{\partial z})+Q_l$$
$$+m\frac{1}{H}E_1A_v\left[\left(\frac{\partial u}{\partial z}\right)^2+\left(\frac{\partial v}{\partial z}\right)^2\right]+mgE_1E_3lA_b\frac{\partial b}{\partial z}-mH\frac{1}{B_1}q^3\left[1+E_2\frac{1}{(KL)^2}l^2\right] \tag{4-30}$$

$$\frac{1}{L}=\frac{1}{H}\left[\frac{1}{z}+\frac{1}{(1-z)}\right] \tag{4-31}$$

式中，B_1、E_1、E_2、E_3 均为经验常数；Q_q 和 Q_l 为附加的源汇项，如子网格水平扩散，一般说来，垂直扩散系数 A_q 与垂直紊动黏滞系数 A_v 相等。

4.3.2.4 定解边界条件

EFDC 的水动力边界定解条件包括自由水面边界条件、底面边界条件和侧面边界条件 3 种。

自由水面边界条件：

自由水面应满足的运动学边界条件为：

$$w\ (x,\ y,\ 1,\ t)\ =0 \tag{4-32}$$

应满足的动力学边界条件为：

$$\frac{A_v}{H}\frac{\partial u}{\partial z}\bigg|_{z=1}=\frac{\tau_{sx}}{\rho} \tag{4-33}$$

$$\frac{A_v}{H}\frac{\partial u}{\partial z}\bigg|_{z=1}=\frac{\tau_{sy}}{\rho} \tag{4-34}$$

式中，τ_{sx} 和 τ_{sy} 分别为风应力 $\vec{\tau}_s$ 在 x 和 y 方向上的分量；H 为水深；u 为曲线正交坐标 x 方向的速度水平分量；ρ 为水体密度；A_v 为垂向黏滞系数。

底面边界条件：

底面边界应满足的运动学边界条件为：

$$w\ (x,\ y,\ 0,\ t)\ =0 \tag{4-35}$$

应满足的动力学边界条件为：

$$\frac{A_v}{H}\frac{\partial u}{\partial z}\bigg|_{z=0}=\frac{\tau_{bx}}{\rho} \tag{4-36}$$

$$\frac{A_v}{H}\frac{\partial u}{\partial z}\bigg|_{z=0}=\frac{\tau_{by}}{\rho} \tag{4-37}$$

式中，τ_{bx} 和 τ_{by} 分别为底摩擦应力 $\vec{\tau}_b$ 在 x 和 y 方向上的分量；其他符号意义同自由水面动力学边界公式符号。

侧面边界条件：

侧面边界条件包括闭边界条件和开边界条件两种。

闭边界条件指湖岸线、湖中岛屿或水中建筑物等的边界，且水质点沿边界切向可自由滑动。

开边界条件应该做到内外部区域能量状态的相互转化，如流量过程、流速过程、辐射过程等。

EFDC 采用“干湿”网格法对水体动边界进行识别和处理，对方程组进行数值求解前，程序每隔一个时间步长就会对边界网格的干湿进行辨别，以此确定是否属于计算区域，湿网格属于计算区域。

4.3.2.5　水动力方程的离散求解

据一维问题数值稳定性的时间尺度分析，只有传播速度最快的表面重力波要求很小的时间步长。这说明解决包含长重力波的问题要求极小的时间步长而耗费大量的机时。因此，在解决包含 2 个以上的波频的地球物理问题时，可以将低频运动与高频运动分开分别加以处理。同理，三维流动问题被划分为快速移动的长重力波（外模式）和内重力波（内模式）两个组成部分，对每一部分各自选用最适宜其物理特性和数值行为的数值方法求解。

EFDC 模型使用 Mellor-Yamada-2.5 阶模式，采用过程分裂法求解，将求解过程分为内模式和外模式，即采用模式分裂技术将数值解分为沿水深积分长重力波的外模式和与垂直水流结构相联系的内模式求解。以二维模型求解作为外模式，以三维模型求解作为内模式，由外模式求解的表面水位和垂向平均的水平流速分量提供给内模式使用，内模式将计算三维流速、紊动系数及污染物浓度等变量，然后将内模式分裂为水平对流扩散（显式格式求解）和垂向扩散（隐式格式求解）两个步骤，然后将有关这些变量的变换信息反馈给外模式计算，不断反复。因为这种求解方法能够减少计算量，节省机时，因此近年来被广泛应用到数值模拟模型中。

EFDC 模型采用有限差分法分别对内外模式的方程组进行数值离散求解，将所计算的区域离散成一系列不同方向的控制体，为加强数值计算的稳定性，模型使用了交错网格，变量在网格上交错布置（图 4-8）。

运动式（4-17）～式（4-21）在控制区域内分为 6 个面进行计算，联合使用有限体积法和有限差分法求解这些方程式，具体变量位置如图 4-8 所示。变量的交错网格位置通常参考 C 网格（Arakawa and Lamb）或者 MAC 网格（Peyret and Taylor）。

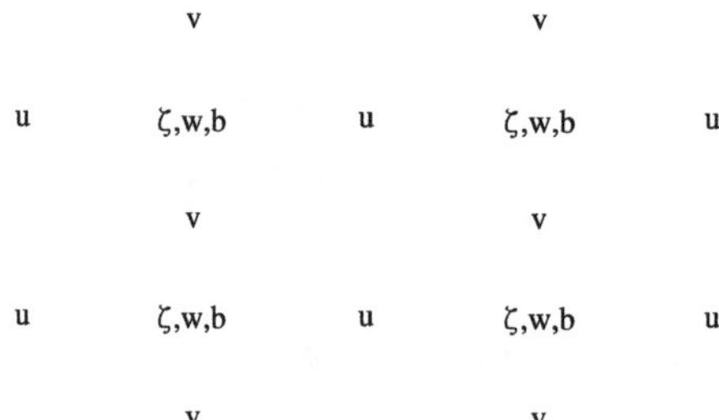

图 4-8　自由表面中心交错网格示意图

为消除垂直压力梯度，将式（4-17）～式（4-19）联合变换得到水平动量方程式为：

$$\begin{aligned}&\frac{\partial(mHu)}{\partial t}+\frac{\partial(m_{\mathrm{y}}Huu)}{\partial x}+\frac{\partial(m_{\mathrm{x}}Hvu)}{\partial y}+\frac{\partial(mwu)}{\partial z}-\left(mf+v\frac{\partial m_{\mathrm{y}}}{\partial x}-u\frac{\partial m_{\mathrm{x}}}{\partial y}\right)Hv\\&=-m_{\mathrm{y}}H\frac{\partial p}{\partial x}-m_{\mathrm{y}}Hg\frac{\partial\zeta}{\partial x}+m_{\mathrm{y}}Hgb\frac{\partial h}{\partial x}-m_{\mathrm{y}}Hgbz\frac{\partial H}{\partial x}+\frac{\partial}{\partial z}\left(m\frac{1}{H}A_{\mathrm{v}}\frac{\partial u}{\partial z}\right)+Q_{\mathrm{u}}\end{aligned}\tag{4-38}$$

$$\begin{aligned}&\frac{\partial(mHv)}{\partial t}+\frac{\partial(m_{\mathrm{y}}Huv)}{\partial x}+\frac{\partial(m_{\mathrm{x}}Hvv)}{\partial y}+\frac{\partial(mwv)}{\partial z}-\left(mf+v\frac{\partial m_{\mathrm{y}}}{\partial x}-u\frac{\partial m_{\mathrm{x}}}{\partial y}\right)Hu\\&=-m_{\mathrm{x}}H\frac{\partial p}{\partial y}-m_{\mathrm{y}}Hg\frac{\partial\zeta}{\partial y}+m_{\mathrm{x}}Hgb\frac{\partial h}{\partial y}-m_{\mathrm{x}}Hgbz\frac{\partial H}{\partial y}+\frac{\partial}{\partial z}\left(m\frac{1}{H}A_{\mathrm{v}}\frac{\partial v}{\partial z}\right)+Q_{\mathrm{v}}\end{aligned}\tag{4-39}$$

首先考虑沿垂向将式（4-38）和式（4-39）离散化，假设变量在垂向单元层中心点是连续的并且在垂直单元层面或网格层边界呈线性变化。通过控制体积积分法对动量方程组式 [（4-38)、式（4-39）] 在垂向进行离散化，在 z 方向的网格层上积分分别得 x 方向和 y 方向的式子如下：

$$\begin{aligned}&\frac{\partial(mH\Delta_k u_k)}{\partial t}+\frac{\partial(m_{\mathrm{y}}H\Delta_k v_k u_k)}{\partial x}+\frac{\partial(m_{\mathrm{x}}H\Delta_k v_k u_k)}{\partial y}+(mwu)_k-(mwu)_{k-1}\\&-\left(mf+v_k\frac{\partial m_{\mathrm{y}}}{\partial x}-u_k\frac{\partial m_{\mathrm{x}}}{\partial y}\right)\Delta_k Hv_k=-0.5m_{\mathrm{y}}H\Delta_k\frac{\partial(p_k+p_{k-1})}{\partial x}-m_{\mathrm{y}}H\Delta_k g\frac{\partial\zeta}{\partial x}\\&+m_{\mathrm{y}}H\Delta_k gb_k\frac{\partial h}{\partial x}-0.5m_{\mathrm{y}}H\Delta_k gb_k(z_k+z_{k-1})\frac{\partial H}{\partial x}+m(\tau_{\mathrm{xz}})_k-m(\tau_{\mathrm{xz}})_{k-1}+(\Delta Q_{\mathrm{u}})_k\end{aligned}\tag{4-40}$$

$$\begin{aligned}&\frac{\partial(mH\Delta_k v_k)}{\partial t}+\frac{\partial(m_{\mathrm{y}}H\Delta_k u_k v_k)}{\partial x}+\frac{\partial(m_{\mathrm{x}}H\Delta_k v_k v_k)}{\partial y}+(mwv)_k-(mwv)_{k-1}\\&-\left(mf+v_k\frac{\partial m_{\mathrm{y}}}{\partial x}-u_k\frac{\partial m_{\mathrm{x}}}{\partial y}\right)\Delta_k Hu_k=-0.5m_{\mathrm{x}}H\Delta_k\frac{\partial(p_k+p_{k-1})}{\partial y}-m_{\mathrm{x}}H\Delta_k g\frac{\partial\zeta}{\partial y}\\&+m_{\mathrm{x}}H\Delta_k gb_k\frac{\partial h}{\partial y}-0.5m_{\mathrm{x}}H\Delta_k gb_k(z_k+z_{k-1})\frac{\partial H}{\partial y}+m(\tau_{\mathrm{yz}})_k-m(\tau_{\mathrm{yz}})_{k-1}+(\Delta Q_{\mathrm{v}})_k\end{aligned}\tag{4-41}$$

式中，Δ_k 是垂向网格层厚，在单元层界面上紊动剪应力被定义为：

$$\left(\tau_{xz}\right)_k=2H^{-1}\left(A_{v}\right)_k\left(\Delta_{k+1}+\Delta_k\right)^{-1}\left(u_{k+1}-u_k\right) \tag{4-42}$$

$$\left(\tau_{yz}\right)_k=2H^{-1}\left(A_{v}\right)_k\left(\Delta_{k+1}+\Delta_k\right)^{-1}\left(v_{k+1}-v_k\right) \tag{4-43}$$

如果在垂直方向 z 上有 K 个单元层，则从每层界面到表层界面积分得到各层流体静力学方程为：

$$p_k=gH\left(\sum_{j=k}^{K}\Delta_j b_j-\Delta_k b_k\right)+p_{S} \tag{4-44}$$

式中，p_S 是自由表面大气压力或者底部某层压力除以参考密度。在垂直方向上对连续性方程 [式（4-20）] 进行离散：

$$\frac{\partial(m\Delta_k\zeta)}{\partial t}+\frac{\partial(m_yH\Delta_k u_k)}{\partial x}+\frac{\partial(m_xH\Delta_k v_k)}{\partial y}+m(w_k-w_{k-1})=0 \tag{4-45}$$

垂向离散动量方程组 [式（4-40）、式（4-41）] 的数值解采用分裂技术进行，即求解过程分为沿垂向积分长表面重力波的外模式和具有垂直流结构的内模式两个步骤。

联合式(4-40)、式(4-41)和式(4-44)在垂直方向层上求和整理得到外模式方程组为：

$$\begin{aligned}&\frac{\partial(mH\bar{u})}{\partial t}+\sum_{k=1}^{K}\left[\frac{\partial(m_yH\Delta_k u_k u_k)}{\partial x}+\frac{\partial(m_xH\Delta_k v_k u_k)}{\partial y}-H\left(mf+v_k\frac{\partial m_y}{\partial x}-u_k\frac{\partial m_x}{\partial y}\right)\Delta_k v_k\right]\\&=-m_yHg\frac{\partial\zeta}{\partial x}-m_yH\frac{\partial p_S}{\partial x}+m_yHg\bar{b}\frac{\partial h}{\partial x}-m_yHg\left[\sum_{k=1}^{K}\left(\Delta_k\beta_k+0.5\Delta_k(z_k+z_{k-1})b_k\right)\right]\frac{\partial H}{\partial x}\\&-m_yH^2\frac{\partial}{\partial x}\left(\sum_{k=1}^{K}\Delta_k\beta_k\right)+m\left(\tau_{xz}\right)_k-m\left(\tau_{xz}\right)_0+\bar{Q}_u\end{aligned} \tag{4-46}$$

$$\begin{aligned}&\frac{\partial(mH\bar{v})}{\partial t}+\sum_{k=1}^{K}\left[\frac{\partial(m_yH\Delta_k u_k v_k)}{\partial x}+\frac{\partial(m_xH\Delta_k v_k v_k)}{\partial y}-H\left(mf+v_k\frac{\partial m_y}{\partial x}-u_k\frac{\partial m_x}{\partial y}\right)\Delta_k u_k\right]\\&=-m_xHg\frac{\partial\zeta}{\partial y}-m_xH\frac{\partial p_S}{\partial y}+m_xHg\bar{b}\frac{\partial h}{\partial y}-m_xHg\left[\sum_{k=1}^{K}\left(\Delta_k\beta_k+0.5\Delta_k(z_k+z_{k-1})b_k\right)\right]\frac{\partial H}{\partial y}\\&-m_xH^2\frac{\partial}{\partial y}\left(\sum_{k=1}^{K}\Delta_k\beta_k\right)+m\left(\tau_{yz}\right)_k-m\left(\tau_{yz}\right)_0+\bar{Q}_v\end{aligned} \tag{4-47}$$

$$\frac{\partial(m\zeta)}{\partial t}+\frac{\partial(m_yH\bar{u})}{\partial x}+\frac{\partial(m_xH\bar{v})}{\partial y}=0 \tag{4-48}$$

$$\beta_k=\sum_{j=k}^{K}\Delta_j b_j-0.5\Delta_k b_k \tag{4-49}$$

式中，上方有一横线的变量表示沿垂向的平均值，大量公式都是内模式的计算公式，式（4-40）和式（4-41）对于每个水平速度分量都有 K 个自由度，但是通过这些公式在垂直方向上对 K 个单元层求和得到的外模式方程 [式（4-46）、式（4-47）] 由于满足下列约束条件，实际上减少了一个自由度。约束条件为：

$$\sum_{k=1}^{K}\varDelta_k u_k=\overline{u} \tag{4-50}$$

$$\sum_{k=1}^{K}\varDelta_k v_k=\overline{v} \tag{4-51}$$

垂向相邻两层平均厚度可以表示为：

$$\varDelta_{k+1,k}=0.5(\varDelta_{k+1}+\varDelta_k) \tag{4-52}$$

将式（4-25）和式（4-26）分别除以第 K 层厚度 $\varDelta_k$，然后用第 k+1 层的公式减去第 k 层的公式，再除以相邻两层的平均厚度 $\varDelta_{k+1,\ k}$，就可以得到内模式方程组如下：

$$\begin{aligned}&\frac{\partial}{\partial t}\left[mH\varDelta_{k+1,k}^{-1}(u_{k+1}-u_k)\right]+\frac{\partial}{\partial x}\left[m_yH\varDelta_{k+1,K}^{-1}(u_{k+1}u_{k+1}-u_ku_k)\right]\\&+\frac{\partial}{\partial y}\left[m_xH\varDelta_{k+1,k}^{-1}(v_{k+1}u_{k+1}-v_ku_k)\right]+m\varDelta_{k+1,k}^{-1}\left[(\varDelta_{k+1}^{-1}[(wu)_{k+1}-(wu)_k]-\varDelta_k^{-1}[(wu)_k-(wu)_{k-1}]\right]\\&-\varDelta_{k+1,k}^{-1}\left[\left(mf+v_{k+1}\frac{\partial m_y}{\partial x}-u_{k+1}\frac{\partial m_x}{\partial y}\right)Hv_{k+1}-\left(mf+v_k\frac{\partial m_y}{\partial x}-u_k\frac{\partial m_x}{\partial y}\right)Hv_k\right]\\&=m_yH\varDelta_{k+1,k}^{-1}g(b_{k+1}-b_k)\left(\frac{\partial h}{\partial x}-z_k\frac{\partial H}{\partial x}\right)+0.5m_yH^2\varDelta_{k+1,k}^{-1}g\left(\varDelta_{k+1}\frac{\partial b_{k+1}}{\partial x}+\varDelta_k\frac{\partial b_k}{\partial x}\right)\\&+m\varDelta_{k+1,k}^{-1}\left[\varDelta_{k+1}^{-1}[(\tau_{xz})_{k+1}-(\tau_{xz})_k]-\varDelta_k^{-1}[(\tau_{xz})_k-(\tau_{xz})_{k-1}]\right]+\varDelta_{k+1,k}^{-1}[(Q_u)_{k+1}-(Q_u)_k]\end{aligned} \tag{4-53}$$

$$\begin{aligned}&\frac{\partial}{\partial t}[mH\varDelta_{k+1,k}^{-1}(v_{k+1}-v_k)]+\frac{\partial}{\partial x}[m_yH\varDelta_{k+1,k}^{-1}(u_{k+1}v_{k+1}-u_kv_k)]\\&+\frac{\partial}{\partial y}[m_xH\varDelta_{k+1,k}^{-1}(v_{k+1}v_{k+1}-v_kv_k)]+\\&m\varDelta_{k+1,k}^{-1}\left[\varDelta_{k+1}^{-1}[(wv)_{k+1}-(wv)_k-\varDelta_k^{-1}[(wv)_k-(wv)_{k-1}]\right]\\&-\varDelta_{k+1,k}^{-1}\left[\left(mf+v_{k+1}\frac{\partial m_y}{\partial x}-u_{k+1}\frac{\partial m_x}{\partial y}\right)Hu_{k+1}-\left(mf+v_k\frac{\partial m_y}{\partial x}-u_k\frac{\partial m_x}{\partial y}\right)Hu_k\right]\\&=m_xH\varDelta_{k+1,k}^{-1}g(b_{k+1}-b_k)\left(\frac{\partial h}{\partial y}-z_k\frac{\partial H}{\partial y}\right)+0.5m_xH^2\varDelta_{k+1,k}^{-1}g\left(\varDelta_{k+1}\frac{\partial b_{k+1}}{\partial y}+\varDelta_k\frac{\partial b_k}{\partial y}\right)\\&+m\varDelta_{k+1,k}^{-1}\left[\varDelta_{k+1}^{-1}[(\tau_{yz})_{k+1}-(\tau_{yz})_k]-\varDelta_k^{-1}[(\tau_{yz})_k-(\tau_{yz})_{k-1}]\right]\\&+\varDelta_{k+1,k}^{-1}[(Q_v)_{k+1}-(Q_v)_k]\end{aligned} \tag{4-54}$$

垂向流速 w 的求解，使用离散连续性公式（4-45）除以第 K 层单元厚度 $\varDelta_k$ 后减去式（4-33），得到：

$$w_k=w_{k-1}-\frac{1}{m}\varDelta_k\left(\frac{\partial}{\partial x}[m_yH(u_k-\overline{u})]+\frac{\partial}{\partial y}[m_xH(v_k-\overline{v})]\right) \tag{4-55}$$

由于式（4-55）是从底层逐步推算到表层来求解各层的垂向流速，最底层垂向流

速 $w_0=0$，求解过程是从最底层逐步到表层。如果满足约束条件式（4-50）和式（4-59），表层流速在 $k=K$ 时将为 0，并且符合边界条件的要求。

由于表面重力波（快波）和内波（慢波）传播速度不同，并且在方程离散时采用了显式有限差分的方法，所以计算的时间步长受 Courant-Friedrichs-Levy（CFL）条件限制。

对于外模式，其稳定性 CFL 条件为：

$$C_{\mathrm{t}}=2\sqrt{gh}+\bar{U}_{\max} \tag{4-56}$$

$$\Delta t\leqslant\frac{1}{C_{\mathrm{t}}}\left(\frac{1}{\Delta x^2}+\frac{1}{\Delta y^2}\right)^{-\frac{1}{2}} \tag{4-57}$$

式中，h 为静水深，$\bar{U}_{\max}$ 为平均流速最大值。

对于内模式，其稳定性 CFL 条件为：

$$C_{\mathrm{T}}=2U'_{\max}+U_{\max} \tag{4-58}$$

$$\Delta t\leqslant\frac{1}{C_{\mathrm{T}}}\left(\frac{1}{\Delta x^2}+\frac{1}{\Delta y^2}\right)^{-\frac{1}{2}} \tag{4-59}$$

式中，$U'_{\max}$ 是内模式最大速度值，$U_{\max}$ 是对流速度最大值。

4.3.3 水文特征分析

4.3.3.1　区域气象水文条件

根据 2.1.1 可知，牡丹江的气象条件呈现明显的季节性且季节差异较大，因此分水期对牡丹江城市江段的水质输移扩散规律进行研究。按照惯例，7 月、8 月、9 月 3 个月是丰水期，4 月、5 月、6 月、10 月、11 月 3 个月是平水期，而 12 月至翌年 3 月是枯水期，在本次研究中采用此水期划分方式。

4.3.3.2　干流河段水文特征分析

（1）模拟河段河道地形

河道水下地形是影响河道水流及水质状况的重要因素之一，也是水动力水质模型计算的基础条件之一。根据已搜集的资料，牡丹江地形断面多数为抛物线形的断面，在个别较宽的断面上存在一定的浅滩。所测量江段河床的底高程随纵向距离的变化如图 4-9 所示（起点为西阁水质监测断面），从图 4-9 可以看出，河床变化的总体趋势从上游到下游逐渐降低，河床平均纵坡为 0.0004，且牡丹江城市江段相邻断面起伏较大，变化极为不规律，深潭和浅滩交替。这样复杂的地形对数值模拟提出了较为严峻的挑战，要求数值格式具有较高的计算精度和稳定性。

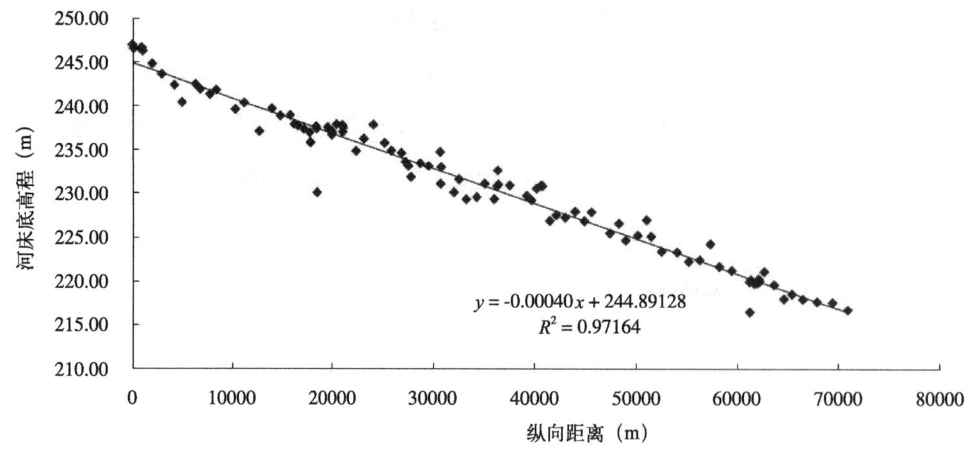

图 4-9　模拟河段河床底高程随纵向距离的变化规律

（2）干流水文特征

牡丹江为松花江第二大支流，于下游右岸汇入松花江。牡丹江发源于长白山牡丹岭，自南向北流经敦化、宁安、海林、牡丹江、林口、依兰等市县，在黑龙江省依兰县汇入松花江。流域呈南北狭长形，地跨吉林、黑龙江两省，河流全长 725km，河道平均比降 1.39‰，总落差 1007m，流域总面积为 37023km^2。

牡丹江两岸支流分布较为均匀，水系呈树枝状，支流多数短而湍急。自牡丹江市以下，左岸支流与主干多呈直角汇入。支流一般不大，最大支流为海浪河，流域面积为总流域面积的 1/7。

流域内多年平均降水量自上游向下游递减，变化在 500 ~ 750mm，年内降水分布不均，主要集中在夏季，6 ~ 9 月降水量占全年的 70% 以上，冬季 11 月至翌年 3 月降水量很少，仅为全年的 15% 左右。

牡丹江流域干流多年平均径流深变化不大，上游大而下游小，径流深为 227 ~ 267mm。支流的径流深左岸大于右岸，海浪河上游多年平均径流深为 317 ~ 391mm，年径流变差系数 C_V 值 0.35 ~ 0.40。牡丹江站的多年平均径流量为 $5.26\times108m^3$。

根据“十一五”研究成果中对牡丹江市水文站、石头水文站、长汀水文站 1999 ~ 2008 年 10 年的水文系列资料的分析结果，牡丹江属于季节性河流，5 ~ 9 月汛期的流量远大于枯水期的流量。牡丹江市水文站 2008 年水位、流量变化曲线如图 4-10 所示，从图 4-10 可以看出，枯水期的流量在 30 ~ 50m^3/s，而汛期流量大多 200m^3/s 以上，很多情况下超过了 400m^3/s；水位的变化范围为 224 ~ 226m，且变化趋势和流量的变化较为一致，流量大则水位高，反之亦然。2008 年，最大洪水流量为 515m^3/s，发生在 8 月 13 日，对应最高水位为 225.8m；最枯流量为 23.6m^3/s，发生在 2 月 8 日，对应的水位为 224.59m。

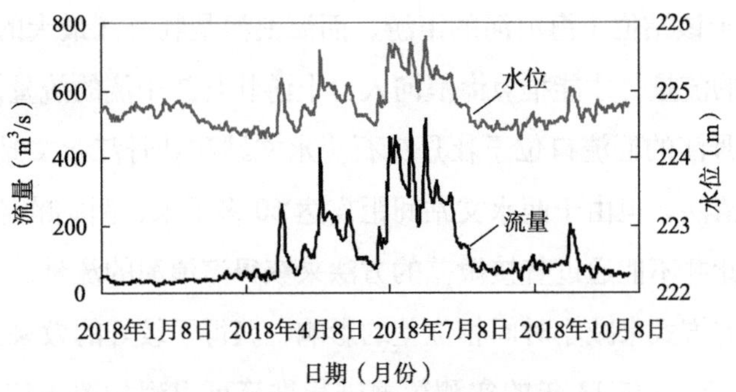

图 4-10　牡丹江市水文站 2008 年水位、流量变化

牡丹江市水文站 2008 年流量 - 水位关系曲线如图 4-11 所示，从图 4-11 可以看出，流量随水位的提高而增加，在中流量和大流量的情况下，其相关性很好，绝大部分点都集中在一条光滑变化的曲线上，其规律和大部分河流的变化相似。值得注意的是，在低流量时，有不少点偏离了该变化曲线，说明在低流量的部分情况，存在不同的水位 - 流量变化规律。牡丹江的枯水期发生在冬春季节，气温很低，水面结冰，增加了水流的阻力。从图 4-11 可以看到，所有这些偏离点均位于正常变化曲线的右下方，说明在给定水位下，过流能力有所减小；也就是通过相同的流量，需要更大的过流面积。

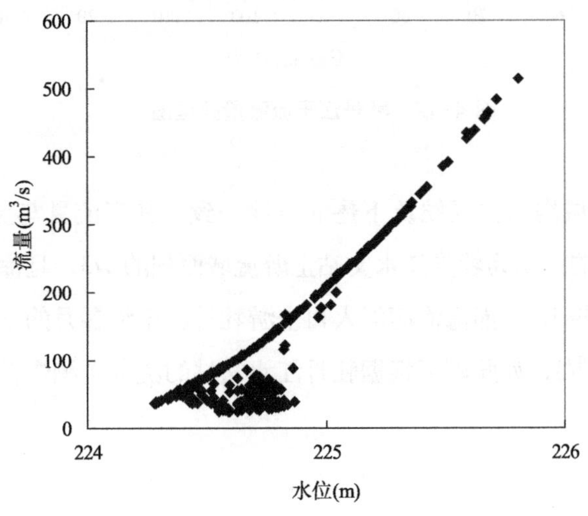

图 4-11　牡丹江水文站 2008 年流量 - 水位关系曲线

这些偏离点的分布比较凌乱，从中难以找到明确的流量 - 水位关系，冰封条件下，牡丹江的水流特性极其复杂。

（3）海浪河水文特征

由于水文监测资料的限制，牡丹江干流的流量资料以牡丹江水文站的实测数据为主要依据，但由于该站位于海浪河的下游，而海浪河是牡丹江最大的一级支流，因此必须确定海浪河的流量，才能推算海浪河入口上游牡丹江干流的流量。

海浪河入牡丹江的汇流口位于牡丹江石头水文站和牡丹江水文站之间，因此基本方法还是两站差值法，但由于两水文站间距离达 60 多千米，两站的流量过程有一定的时间相位差，因此并不能通过直接做差的方法来获得海浪河的流量。"十一五"期间通过年径流量做差的方式来减小时间相位差的影响，获得了较好的效果。

通过 1999 ~ 2009 年 11 年的实测数据进行推算可得到如图 4-12 所示的结果。通过最小二乘法可知，牡丹江站年均流量为石头站年均流量的 1.496 倍，因此海浪河年均流量即为牡丹江的 1/3。

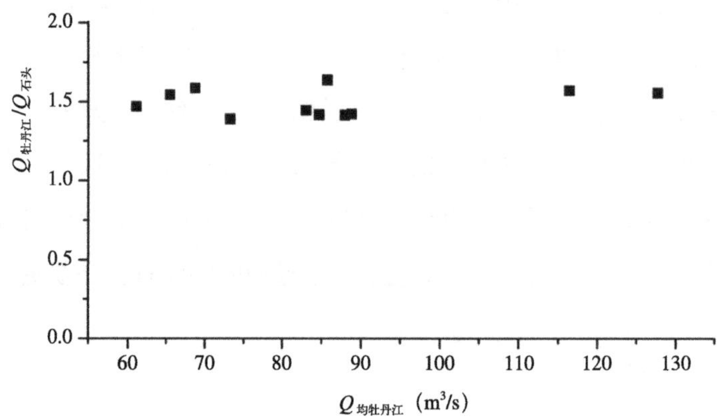

图 4-12　牡丹江干流流量处理图

假设牡丹江全流域均匀，气候及下垫面条件一致，其产流量与流域面积成正比，则可得到海浪河流域的面积为牡丹江水文站上游流域面积的 1/3，且海浪河各月的流量即为牡丹江实测流量的 1/3，而海浪河汇入口上游牡丹江干流各月的平均流量即为牡丹江水文站实测流量的 2/3，如此则可根据牡丹江水文站的流量实测资料推算得到海浪河的流量条件。

根据 2004 ～ 2012 年连续 9 年的实测流量重新推算西阁断面牡丹江干流不同水期不同保证率的流量，具体数值见表 4-11。

牡丹江干流西阁断面不同水期不同保证率的流量　　表 4-11

水期	保证率（%）	流量（m^3/s）
枯水期	90	15.74
	75	18.83
	50	28.05
	25	47.53
平水期	90	31.60
	75	56.46
	50	99.66
	25	162.62
丰水期	90	40.97
	75	71.20
	50	120.52
	25	188.90

4.3.3.3　镜泊湖水文特征分析

(1) 镜泊湖概况

镜泊湖水库位于黑龙江省牡丹江市宁安市境内的松花江支流牡丹江中上游河段上，坝址距牡丹江市约 110km，距宁安市约 50km，交通便利。镜泊湖水库是在天然湖泊基础上筑坝而形成的一座以发电、防洪为主，兼顾下游灌溉、城市用水和旅游等综合作用的大型水利枢纽工程。在黑龙江省电网中担任调峰、调相、事故备用任务。大坝始建于 1938 年，全长 2633m。

镜泊湖流域多年平均降水量为 647mm，6 ～ 9 月降水量占全年降水量的 70% 以上，多年平均入库水量为 30.2 亿 m^3，最大年入库水量为 55.1 亿 m^3，最小年入库水量为 7.3 亿 m^3，6 ～ 9 月入库水量占全年的 70%。

镜泊湖电站总装机容量 96MW，原设计多年平均发电量 3.2 亿 kW·h。水库为不完全多年调节水库。镜泊湖水库水位 - 库容关系见表 4-12 和图 4-13。

镜泊湖水库水位库容关系 [单位：水位（m）、库容（亿 m^3）] **表 4-12**

水位	340	341	342	343	344	345
库容	6.40	6.81	7.23	7.70	8.20	8.76
水位	346	347	348	349	350	351
库容	9.36	10.01	10.74	11.54	12.43	13.39
水位	352	353	353.5	354	354.5	355
库容	14.47	15.63	16.25	16.90	17.56	18.24

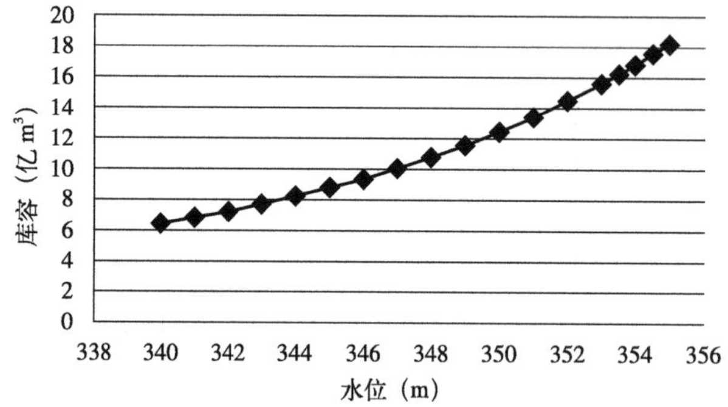

图 4-13　镜泊湖水库水位库容关系曲线

镜泊湖水库由第四纪火山喷发的岩浆阻塞而形成的天然湖泊，为了防止冻坏大坝，年末水库水位需要控制在 350.0m 以下。

镜泊湖水库主要特征参数见表 4-13。

镜泊湖水库主要特征参数 **表 4-13**

水库特征	参数值
大坝长度	2633m
泄流方式	坝顶溢流
控制流域面积	11820km^2
水库总库容	$18.24 \times 10^8 m^3$
多年平均入库水量	$30.2 \times 10^8 m^3$
最大年入库水量	$55.1 \times 10^8 m^3$
最小年入库水量	$7.3 \times 10^8 m^3$
多年平均径流量	$31.38 \times 10^8 m^3$
多年平均入库流量	100m^3/s
水库正常蓄水位（坝顶高程）	353.50m，相应库容 $16.3 \times 10^8 m^3$
水库死水位	341.0m，相应库容 $6.8 \times 10^8 m^3$

续表

水库特征	参数值
100 年一遇设计洪水位	354.65m
1000 年一遇校核洪水位	355.00m
多年平均水位	347.95m
历史最高水位	354.43m
历史最低水位	339.17m
水库主要支流	大夹吉河、松乙河、尔站河

（2）镜泊湖地形分析

镜泊湖状似蝴蝶，其西北、东南与两翼逐渐翘起，湖中大小岛屿星罗棋布、湖主体呈 NE—SW 向带状延长，局部受次级构造影响有 NW—SE 向分支，在平面上呈“3”字。型湖盆形态由南向北逐渐加深，底质为南部多为腐泥，北部多为砂岩，并有少量的沙、淤泥沉积；湖周围尚有 30 余条入湖山间河流，较大者有大夹吉河、松乙河、尔站河。

湖水南浅北深，湖面海拔 350m，最深处超过 60m，最浅处则只有 1m；湖形狭长，南北长 45km，东西最宽处 6km，面积约 91.5km^2。

（3）镜泊湖来水量及泄水量分析

1）镜泊湖不同水期不同保证率的来水量计算

镜泊湖入库水文监测断面为大山咀子水文站，为国家级水文监测断面，控制流域面积 10547km^2。通过搜集 2009 ~ 2012 年大山咀子水文监测数据（图 4-14、图 4-15），据此推算大山咀子水文断面不同水期不同保证率下的入库流量（表 4-14）。

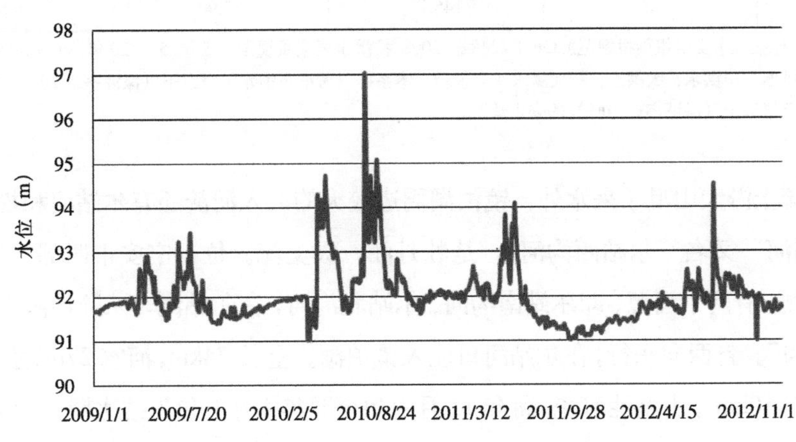

图 4-14　2009 ~ 2012 年大山咀子水文断面水位变化曲线

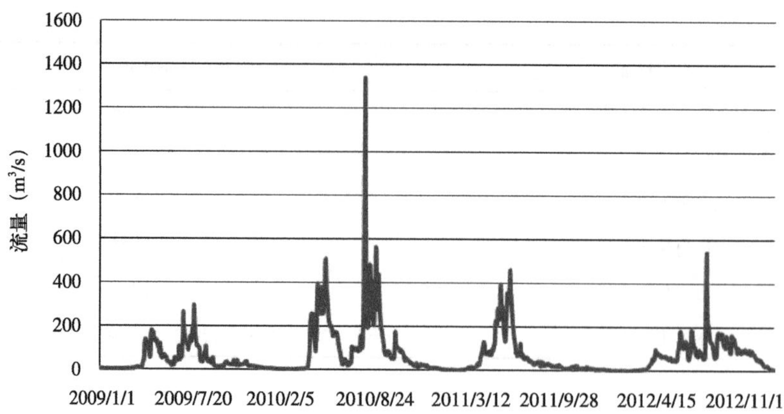

图 4-15　2009 ~ 2012 年大山咀子水文断面流量变化曲线

镜泊湖入库河流不同水期不同保证率流量计算成果　　表 4-14

水期	保证率（%）	大山咀子流量（m^3/s）	尔站河流量（m^3/s）	松乙河流量（m^3/s）
枯水期	90	5.38	0.52	0.26
	75	5.56	0.53	0.26
	50	8.73	0.84	0.41
	25	30.35	2.91	1.44
平水期	90	21.54	2.06	1.02
	75	39.24	3.76	1.86
	50	78.10	7.48	3.70
	25	145.13	13.90	6.88
丰水期	90	24.69	2.36	1.17
	75	42.89	4.11	2.03
	50	78.80	7.55	3.74
	25	145.12	13.90	6.88

注：根据国家标准《水文情报预报规范》GB/T 22482—2008，按洪水要素重现期＜ 5 年、5 ~ 20 年、20 ~ 50 年、＞ 50 年，将洪水分为小洪水、中洪水、大洪水、特大洪水 4 个等级。本系统只考虑小洪水等级以下（保证率＞ 20%）的来水流量，不考虑中洪水等级以上（保证率≤ 20%）的来水量。

除干流上游大山咀子来水外，镜泊湖周边较大的汇入河流还有尔站河和松乙河。

“尔站河”又名“尔站西沟河”，是牡丹江一级支流。位于宁安市西部。发源于张广才岭东侧，有两个河源，即尔站南沟河、尔站北沟河，在尔站汽车队驻地附近汇合后，称“尔站河”。自西向东行，在尔站河口注入镜泊湖。全长 74km，河宽 27m，水深 0.5m，流域面积 1010km²。山溪性河流。每年 11 月中旬至翌年 4 月上旬为结冰期。流域为林区，分布有多座林场，产红松、杨、桦、椴、水曲柳等木材。

松乙河是牡丹江右岸的一级支流，全长 41km，河流由东向西流经镜泊乡五峰、金家、褚家等 9 个村屯，在镜泊乡松乙河村南汇入镜泊湖。流域面积约 $500km^2$。

根据流域面积同比例缩放法，由大山咀子流量计算结果推算尔站河及松乙河不同水期不同保证率下的入库流量（表 4-14）。

2）泄水量分析

镜泊湖水库为坝顶溢流的泄流方式，坝上水位与溢流量关系见表 4-15 和图 4-16。

镜泊湖水库溢流曲线表　　表 4-15

水位（m）	353.5	353.6	353.7	353.8	353.9	354.0
流量（m^3/s）	0	87	229	405	616	882
水位（m）	354.1	354.2	354.3	354.4	354.5	
流量（m^3/s）	1210	1590	2000	2480	3010	

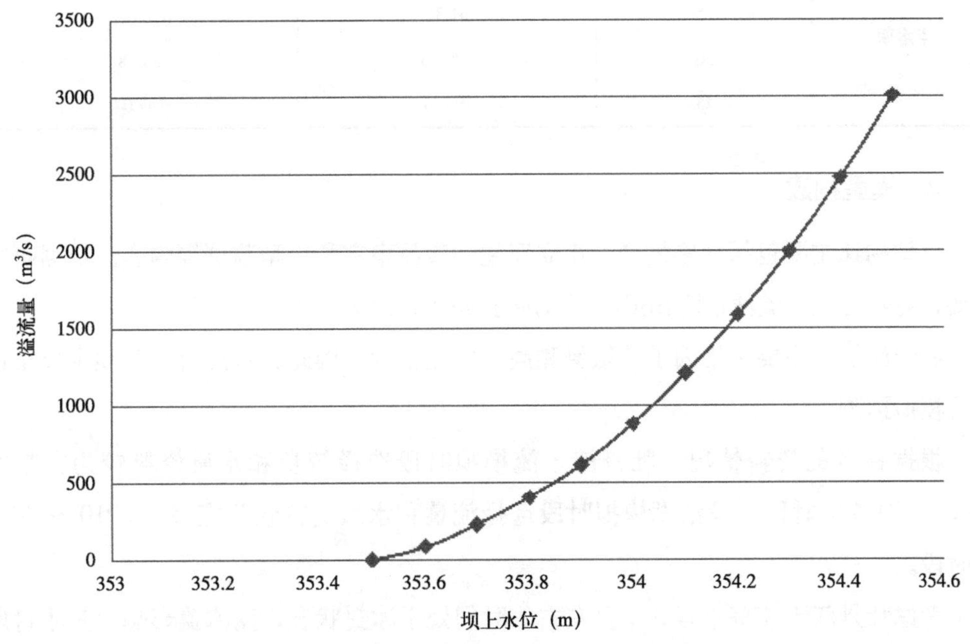

图 4-16　镜泊湖水库坝上水位与溢流量曲线表

目前，镜泊湖水库无实测下泄流量资料，在水库大坝下游 58km 处设有石头水文站，该站是牡丹江干流重要控制水文站，集水面积 $13771km^2$。镜泊湖大坝至石头水文站区间无大支流汇入，因此可根据两断面控制流域面积，采用流域面积同比例缩放法，利用石头水文站的流量推算镜泊湖的下泄流量。

根据2009～2012年石头水文监测数据，推算镜泊湖水库不同水期不同保证率下的出库流量（表4-16）。

镜泊湖水库不同水期不同保证率出库流量计算成果　　表4-16

水期	保证率（%）	石头水文站流量（m^3/s）	镜泊湖水库下泄流量（m^3/s）
枯水期	90	15.2	13.05
	75	21.79	18.70
	50	34.3	29.44
	25	58.15	49.91
平水期	90	15.6	13.39
	75	42.7	36.65
	50	83.1	71.33
	25	186	159.65
丰水期	90	39.53	33.93
	75	61.31	52.62
	50	109.26	93.78
	25	194.61	167.04

4.3.4 模型构建

模型构建主要包括网格划分、建立模型、参数率定和模型验证等内容。根据研究需要，对牡丹江干流城市段和镜泊湖水库分别构建二维水动力水质模型。

牡丹江流域主要污染因子为氨氮和高锰酸盐指数，因此，重点对这两项水质指标进行模拟预测。

根据目前的资料情况，牡丹江干流模拟时段选择流量和水质资料较为完整的2012～2014年时段，镜泊湖模拟时段选择流量和水质资料较为完整的2010～2012年时段。

考虑牡丹江干流每年有5个月左右的时间处于冰封状态，受冰盖影响，其冰封期水动力学参数、污染物综合衰减速率和糙率均有较大差异，因此，模型分冰期与非冰期进行模拟。根据现有实测流量和污染物浓度资料，在干流城市段模型中，将2012年1月1日设定为第1天，2014年11月15日结束，总模拟天数为1050天，模拟期内冰期和非冰期时段见表4-17。镜泊湖水库模型中，将2010年1月1日设定为第1天，2012年12月31日结束，总模拟天数为1095天，考虑到镜泊湖水体流动缓慢，水体较深，深水区水温变化幅度较小，不同水期衰减系数变化不大，因此不做分期模拟。

牡丹江干流水动力水质模型模拟时段　　表 4-17

模拟数段	天数（d）	水期	模拟时段	天数（d）	水期
1~106	106	冰期	107 ~ 335	229	非冰期
336~468	133	冰期	469 ~ 698	230	非冰期
699~828	130	冰期	829 ~ 1050	222	非冰期

4.3.4.1　模型文件构成

EFDC 模型由可执行程序、输入文件、结果输出文件组成。其中，可执行程序是模型的核心，执行模型的模拟运算；输入文件由主文件和一系列辅助文件构成，主要用于模型功能选择和初始条件、边界条件的设置；输出文件用于存储模型模拟结果，如流速、流量、污染物浓度等。

结合牡丹江流域特点，构建牡丹江干流城市段（西阁至柴河大桥）二维水动力水质模型和镜泊湖二维水动力水质模型，用于日常和突发污染事故的模拟和预测。

牡丹江干流城市段模型及镜泊湖模型包括表 4-18 所列文件。

牡丹江干流城市段二维水质模型输入输出文件　　表 4-18

文件名	文件类型	文件功能	文件路径
efdc.exe	可执行程序文件	模型运行过程中指定单元格的屏幕输出控制文件	一级目录\
efdc.inp	模型主控文件	该文件包括运行控制参数、输出控制参数和模型物理信息的描述等功能，是 EFDC 的主要控制文件	一级目录\
cell.inp	单元格信息文件	将水体轮廓数字化。所有网格均赋予整型变量以表征其类型。例如，5 代表湖面，0 代表陆地，9 代表水陆交界。程序计算时根据不同的数值辨认水体或陆地	一级目录\
celllt.inp	单元格信息文件	用以申明 cell.inp 的一部分。通常不包括入湖口和出湖河口的湖泊的湖面轮廓数字矩阵。这样当入湖口和出湖河口发生变化时，用户只需将注意力集中在修改 cell.inp 上即可	一级目录\
dxdy.inp	单元格信息文件	指定水平单元格间距、水深、库底高程、库底粗糙度和植被类型	一级目录\
lxly.inp	单元格信息文件	存放网格中心坐标和旋转矩阵	一级目录\
corners.inp	单元格信息文件	存放单元格中心点坐标和四角坐标	一级目录\
qser.inp	时间序列文件	存放流量的时间序列	一级目录\
dser.inp	时间序列文件	存放污染物浓度的时间序列	一级目录\
dye.inp	初始浓度文件	存放污染物初始浓度	一级目录\
show.inp	运行显示控制文件	程序运行过程中的显示控制文件	一级目录\
DYEDMPF.ASC	水质模拟结果输出文件	污染物模拟结果	一级目录\
UUUDMPF.ASC	流速模拟结果输出文件	X 方向流速模拟结果	一级目录\

续表

文件名	文件类型	文件功能	文件路径
VVVDMPF.ASC	流速模拟结果输出文件	Y 方向流速模拟结果	一级目录\
DYEDMPF.ASC	污染物浓度输出结果文件	污染物模拟结果（与 DYECONH.OUT 输出结果一致）	一级目录\
SELDMPF.ASC	水位输出结果文件	水位模拟结果	一级目录\

4.3.4.2　牡丹江干流模型构建

(1) 干流段网格划分

牡丹江城市段（西阁断面—柴河大桥）绝大部分江段顺直、河床稳定，且部分江段穿城而过，城区沿岸修筑了大量堤防工程，江岸已经固化。从模拟江段历史遥感影像资料来看，绝大部分江段不同水期的水面宽度变化不大。根据历史遥感影像资料，选取河段典型断面，统计不同时期的水面宽度（表 4-19）。根据表 4-19 可知，不同水期内各典型断面水面宽度变化不大，因此，模拟江段水体网格不再分水期进行划分。

模拟江段典型断面不同水期水面宽度统计表　　表 4-19

序号	断面名称	水面宽度（m）			
1	宁安工农兵大桥下游 100m	2014/04/30	2014/07/04	2010/11/01	2009/09/17
		257	255	256	255
2	鹤大高速跨江大桥上游 230m	2014/09/13	2014/06/01	2013/08/13	2010/11/01
		168	178	179	178
3	绥满高速跨江大桥上游 120m	2014/10/28	2014/06/01	2012/08/07	2009/05/28
		100	103	97	102
4	宁安镇长江村	2014/09/13	2014/04/30	2010/11/01	2012/08/07
		152	157	163	157
5	西三条路江桥下游 300m	2014/10/28	2014/09/01	2010/06/04	2011/08/26
		564	563	563	567
6	北安河入江口上游 700m	2014/10/28	2012/08/07	2010/06/14	2012/11/04
		174	172	172	170
7	亮子河入江口下游 500m	2014/10/28	2013/09/30	2012/11/04	2012/08/07
		172	168	175	171
8	柴河大桥上游 200m	2011/12/04	2013/09/22	2011/10/12	2010/10/27
		175	184	174	187

根据遥感影像勾绘牡丹江干流城市段水面轮廓线，采用 Delft3D 网格划分工具对模拟河段进行网格划分，其网格矩阵为 864 行 ×5 列，共计 4207 个单元格。单元格尺

度介于 24m × 43.6m ～ 176.9m × 241.3m，模拟江段江底高程由西阁断面的 245.7m 降至柴河大桥断面的 215.1m（图 4-17）。单元格划分情况见图 4-18。单元格信息存储于 cell.inp、dxdy.inp、lxly.inp 和 corners.inp 文件中。

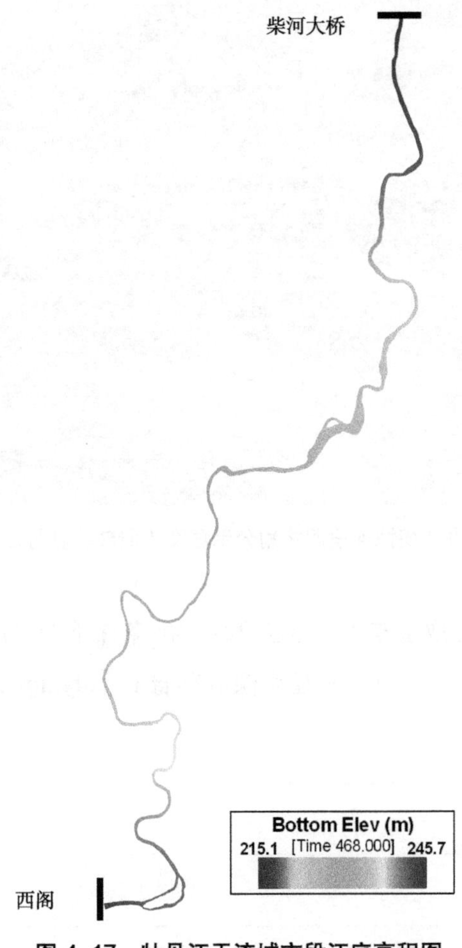

图 4-17　牡丹江干流城市段江底高程图

（2）初始条件设置

初始条件即模型启动模拟时的初始状态，包括初始水深和初始浓度。

1）初始水深条件设置

因模拟江段（西阁断面—柴河大桥）内仅有牡丹江水文站实测水位和流量资料，因此以牡丹江水文站监测断面为参考断面来设置模拟江段初始水深，即假设其他断面初始水深与牡丹江水文站监测断面初始水深相等。对牡丹江水文站流量监测资料进行水文频率分析，并根据图 4-11 的流量水位曲线图反推相应水位，再根据图 4-19 计算

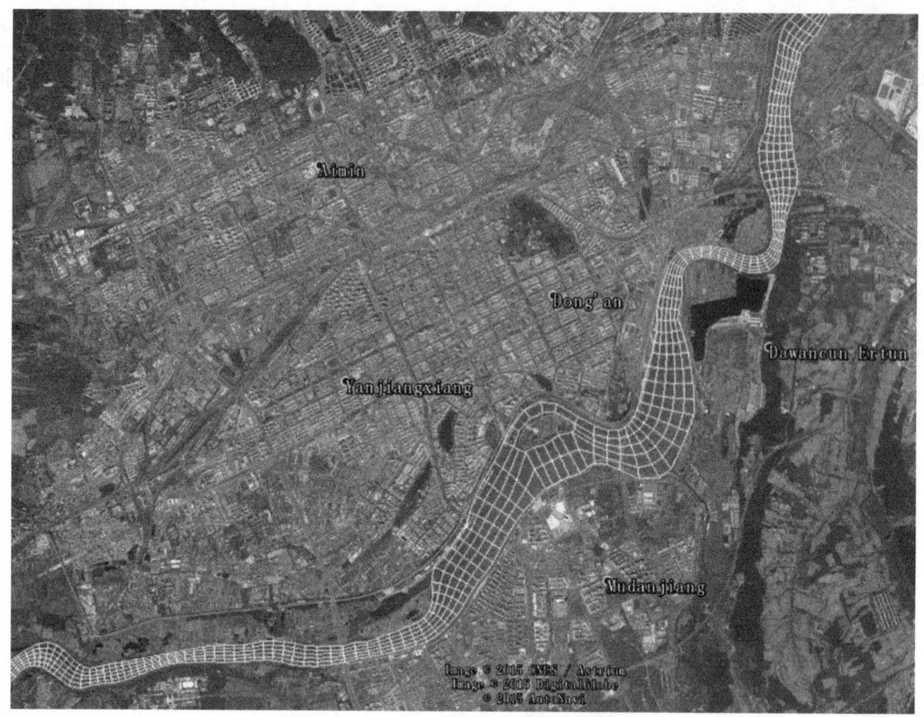

图 4-18　牡丹江模拟河段网格划分示意图（局部，牡丹江市城区段）

河道初始水深。江面宽度取多年平均水位 224.74m 条件下的宽度，为 172.7m。相应水位及初始水深计算结果见表 4-20。初始水深值存储于 dxdy.inp 文件中。

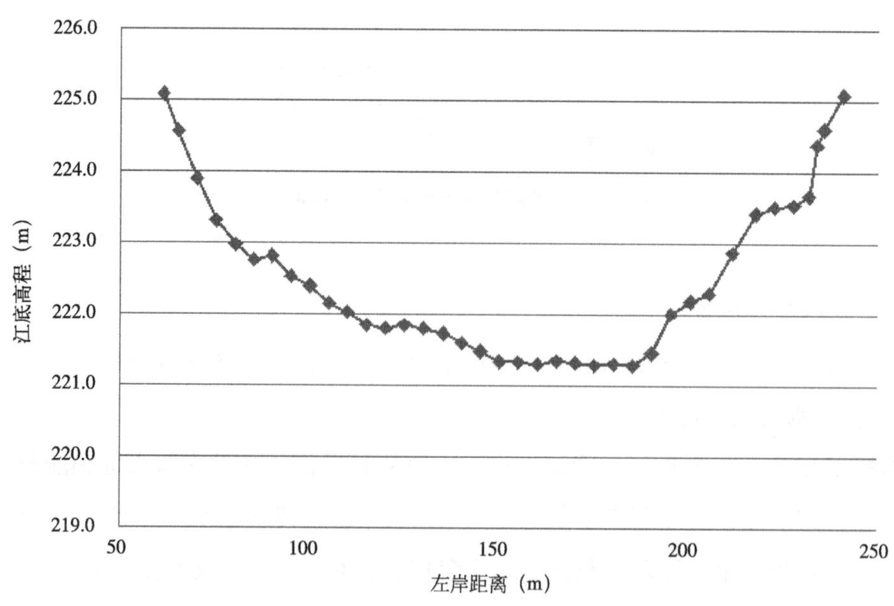

图 4-19　牡丹江水文（二）站横断面图

牡丹江水文站监测断面不同水期不同保证率流量下初始水深计算成果　　表 4-20

水期	保证率（%）	流量 (m^3/s)	相应水位 (m)	断面面积 (m^2)	初始水深 (m)
枯水期	90	18.94	224.15	323	1.87
	75	28.78	224.23	336	1.95
	50	45.81	224.34	355	2.06
	25	73.80	224.50	381	2.21
平水期	90	49.53	224.36	358	2.07
	75	82.18	224.54	388	2.25
	50	143.21	224.79	430	2.49
	25	239.6	225.11	487	2.82
丰水期	90	59.72	224.42	368	2.13
	75	100.81	224.62	402	2.33
	50	174.56	224.90	450	2.61
	25	284.64	225.23	508	2.94

2）浓度初始条件设置

模型启动模拟时，需要设定模拟水质指标在各个单元格的初始浓度值。目前，模拟江段上设有西阁、温春大桥、海浪、江滨大桥、桦林大桥和柴河大桥6个水质监测断面，除桦林大桥为研究断面外，其余5个均为常规监测断面，因此，初始浓度由这5个水质监测断面的实测数据插值获得。插值方法采用线性插值，即首先确定5个已知水质断面所在单元格的浓度值，然后采用线性插值法将污染物浓度值插值到其他单元格，计算得出所有单元格的浓度值。污染物初始浓度值存储于dye.inp文件中。

(3) 边界条件设置

边界条件即指模型在运算过程中输入的流量、水位、污染物等时间序列资料。

1）流量边界条件

流量边界条件包括模拟江段上游来水量、下游出水量、支流汇水量、沿江取水口取水量以及排污口排污量，即为西阁断面上游来水流量、柴河大桥断面向下游泄水量、海浪河汇入干流流量、沿江取水口取水量以及沿江排污口污水排放量。由于模拟河段内仅在海浪断面处设有水文监测站——牡丹江水文二站，而西阁断面和柴河大桥断面均为水质监测站，因此，西阁断面和海浪河的来水流量根据牡丹江水文二站的流量实测资料进行推算。按照西阁断面上游控制流域面积和海浪河子流域控制面积所占比例，将牡丹江水文二站实测流量资料分配到西阁断面和海浪河入口处。其中，西阁断面流量为牡丹江水文二站流量的2/3，海浪河入牡丹江流量为牡丹江水文二站流量的1/3。对于柴河大桥边界条件，为防止模型计算溢出而造成运行终止，该断面采用开边界条件，即水位条件。其水位数据通过牡丹江水文二站实测水位减去水文站所在断面河底高程与柴河大桥断面河底高程之差计算得出。干流排污口排污流量为实测流量数据。

模拟江段从西阁水质监测断面至柴河大桥断面，长约77.7km。主要入流量包括西阁水质监测断面上游来水、支流海浪河来水以及沿岸各排污口排污量；主要出流包括柴河大桥水质监测段面下泄流量、西水源取水和铁路水源取水，详细信息见表4-21和图4-20。表4-21所列排污口中，多数排污口无实测流量和污染物浓度数据，仅在流量较大和重点排污企业排污口有监测资料（表4-22）。表4-22中9个排污口无连续流量监测数据，仅有全年排污总量数据，因此，排污口的流量采用恒定值。流量时间序列值存储于qser.inp文件中。

2）浓度边界条件

浓度边界条件包括西阁断面上游来水污染物浓度、海浪河来水污染物浓度以及沿江各排污口污染物浓度。模型验证断面包括温春大桥、海浪、江滨大桥以及柴河大桥4个水质监测断面。通常情况下，各水质监测断面于每年1月、2月、5～10月的月初进行监测。其中，1月、2月代表冰封期水质，其余月代表非冰封期水质。干流模拟段内排污口众多，但有实测浓度资料的排污口有9个（表4-22），这些排污口每季度监测一次，因此浓度边界条件采用实测值。污染物浓度时间序列值存储于dser.inp文件中。

牡丹江干流城市段流量　　表4-21

序号	排污口名称	经度	纬度	流量类型	单元格编码
1	温春农校排污口	129.5167	44.4214	入	3，260
2	温春镇生活污水	129.4867	44.4234	入	7，310
3	北方水泥生产废水	129.4866	44.4233	入	7，310
4	放牛沟入江口	129.5479	44.5484	入	3，559
5	海浪河入江口	129.5481	44.5475	入	3，559
6	海浪雨水排污口	129.5632	44.5434	入	7，574
7	卡路雨水排污口	129.5816	44.5468	入	3，587

续表

序号	排污口名称	经度	纬度	流量类型	单元格编码
8	兴隆河入江口	129.5909	44.5442	入	7，593
9	江滨雨水排污口	129.6075	44.5538	入	3，608
10	绿地雨水排污口	129.6180	44.5555	入	7，612
11	一号泡入江口	129.6256	44.5706	入	3，621
12	热电公司排污口	129.6300	44.5693	入	3，621
13	东村河入江口	129.6442	44.5624	入	7，628
14	阳明泡入江口	129.6580	44.5960	入	3，667
15	恒丰纸业排污口	129.6584	44.5964	入	3，667
16	铁岭爱河入江口	129.6793	44.6157	入	7，689
17	青梅雨污排污口	129.6771	44.6363	入	7，706
18	北安河入江口	129.6558	44.6406	入	3，724
19	二电生活水排污口	129.6530	44.6526	入	3，738
20	二电 6-7# 冷却水	129.6563	44.6552	入	3，742
21	二电 8-9# 冷却水	129.6567	44.6558	入	3，742
22	城市污水厂排污口	129.6531	44.6528	入	3，738
23	江东村雨污排污口	129.6613	44.6739	入	7，763
24	江西村雨污排污口	129.6587	44.6747	入	3，764
25	桦林集团生活水	129.6619	44.6782	入	7，768
26	佳通集团生产废水	129.6698	44.6869	入	7，784
27	华林镇雨污排污口	129.6715	44.6867	入	7，785
28	工农村雨污排污口	129.6822	44.6895	入	7，794
29	亮子河入江口	129.6884	44.6944	入	7，800
30	西水源取水口	129.5724	44.5466	出	3，581
31	铁路水源取水口	129.5446	44.5460	出	3，555
32	宁安工业排污口	129.4872	44.3671	入	3，131
33	宁安市政排污口	129.4799	44.3709	入	3，135
34	镜泊湖农业排污口	129.4799	44.3709	入	3，135
35	柴河镇生活排污口	129.6757	44.7648	入	7，866
36	林海纸业排污口	129.6731	44.7496	入	7，852
37	西阁断面	129.4555	44.3317	入	3，3；4，3；5，3；6，3；7，3
38	柴河大桥断面	129.6734	44.7656	出	3，866；4，866；5，866；6，866；7，866

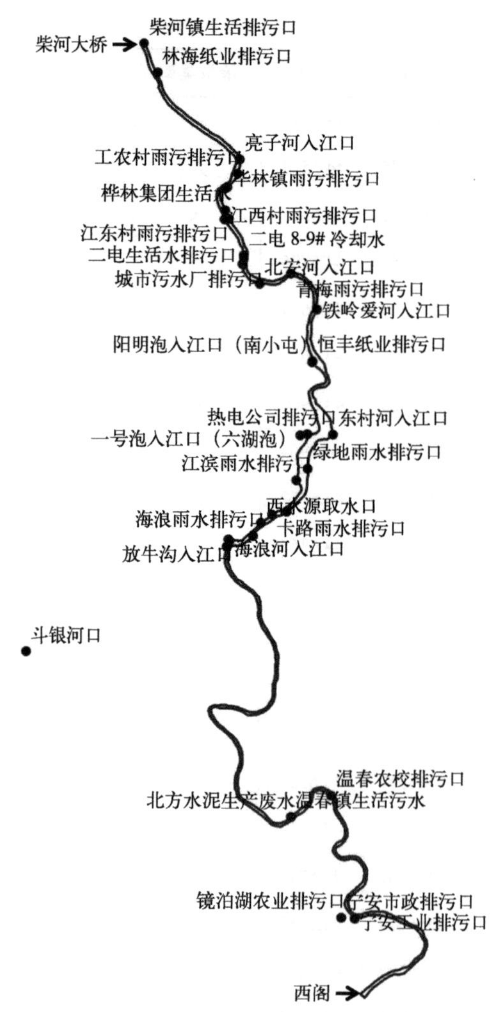

图 4-20　牡丹江干流城市段取水口及排污口位置示意图

牡丹江干流沿江主要排污口排污信息一览表（2014 年）　　表 4-22

序号	所属城市	排污口名称	排放水域范围	主要污染物监测值范围（mg/L）		污水排放量（万 t/ 年）
				COD_{Cr}	NH_3-N	
1	宁安市	镜泊湖农业排污口	西阁 - 海浪	72.8 ～ 79.7	0.691 ～ 0.743	53.70
2		宁安城市污水处理厂		31.1 ～ 33.3	0.794 ～ 0.857	622.17
3	牡丹江市区	富通空调	江滨 - 桦林大桥	72.0 ～ 78.2	0.353 ～ 0.399	3.00
4		恒丰纸业		27.5 ～ 32.6	0.685 ～ 0.743	299.66
5		牡丹江市污水处理厂		31.8 ～ 33.3	0.743 ～ 0.783	3633.00
6		北安河口		46.5 ～ 120.0	16.900 ～ 34.000	147.60
7	海林市	桦林镇生活	桦林大桥 - 柴河大桥	123.0 ～ 140.0	17.100 ～ 18.800	19.42
8		柴河镇生活		119.0 ～ 150.0	26.400 ～ 28.500	35.89
9		柴河林海纸业有限公司排污口		56.9 ～ 77.4	0.834 ～ 0.909	124.00

（4）水动力过程验证

糙率系数是表征河流水体所受阻力大小的重要参数，反映了河床粗糙程度对水流作用的影响，是进行水流模拟和计算的关键参数之一。在天然河道的非均匀流条件下，它是一个包括水流平面形态、河道水力因素、断面几何尺寸和形态、床面特征及组成等因素综合作用的系数。计算河道糙率多采用经验公式或半经验公式。非冰封期的河道，其糙率主要考虑河床影响；而对于冰封河流而言，受冰盖影响，河流的自由水面边界条件变成了冰盖固壁边界条件，冰盖通过糙率作用改变了流速在垂向上的分布，河道糙率加大，流速因此也相应减小。本研究中所采用的糙率采用王玫（2013）等人的研究结果，即冰封期为 0.043，非冰封期 0.035。除糙率系数外，水动力过程还需要率定的参数，主要包括水平扩散系数、垂向紊动黏滞系数和垂向紊动扩散系数。本模型中，参考陈水森（2007）、龙腾锐（2002）、Huang（2008）、HydroQual Inc.（2002）等的研究成果，水平扩散系数取 1.0m^2/s，垂向紊动黏滞系数取 1.0E-07m^2/s，垂向紊动扩散系数取 1.0E-08m^2/s。

根据表 4-17 确定的模拟时段，对牡丹江干流城市段冰期及非冰期水动力过程进行模拟，并将牡丹江水文二站断面处水位模拟结果与实测水位进行对比（图 4-21）。从图 4-21 可以看出，无论是在冰封期还是非冰封期，模型计算结果都能够很好地与实测值相吻合，可以反映模拟河段水位变化过程。对冰封期和非冰封期模拟值与实测值对比结果进行分析，冰封期实测平均水位 224.04m，相应水深为 0.90m，模拟平均水位 224.03m，相应水深为 0.89m，平均仅误差 0.01m，平均水深相对误差 1.11%；非冰封期实测平均水位 224.39m，相应水深为 1.25m，模拟平均水位 224.42m，相应水深为 1.28m，平均误差 0.03m，平均水深相对误差 2.40%，模型模拟精度较高。从不同水期流速模拟结果来看，由于非冰封期的来水量大于冰封期来水量，因此非冰期的流速明显大于冰期流速，图 4-22 很好地反映了这一实际情况。从流场分布特点来看，由于河道沿西阁至柴河大桥平缓下降，因此水流方向基本与河道断面垂直。在河道中心岛屿附近，水流受岛屿阻挡，方向有所变化（图 4-22）。图 4-22 为局部河段第 187 天（丰水期）和第 370 天（枯水期）流场模拟结果示意图。图 4-22 中，1、4 断面河宽分别为 320m 和 181m，第 187 天流速分别为 0.43m/s 和 0.51m/s，第 370 天流速分别为 0.29m/s 和 0.35m/s；2、3 断面分别为 813m 和 903m，第 187 天流速分别为 0.19m/s 和 0.12m/s，第 370 天流速分别为 0.14m/s 和 0.09m/s。结果显示，狭窄河段的流速大于宽阔河段的流速，模拟结果符合实际情况。

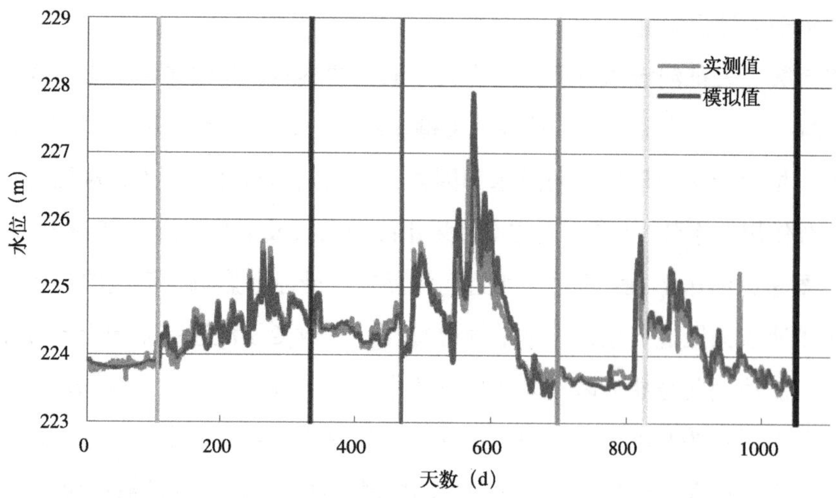

图 4-21　牡丹江水文二站水位实测值与模拟值结果比较

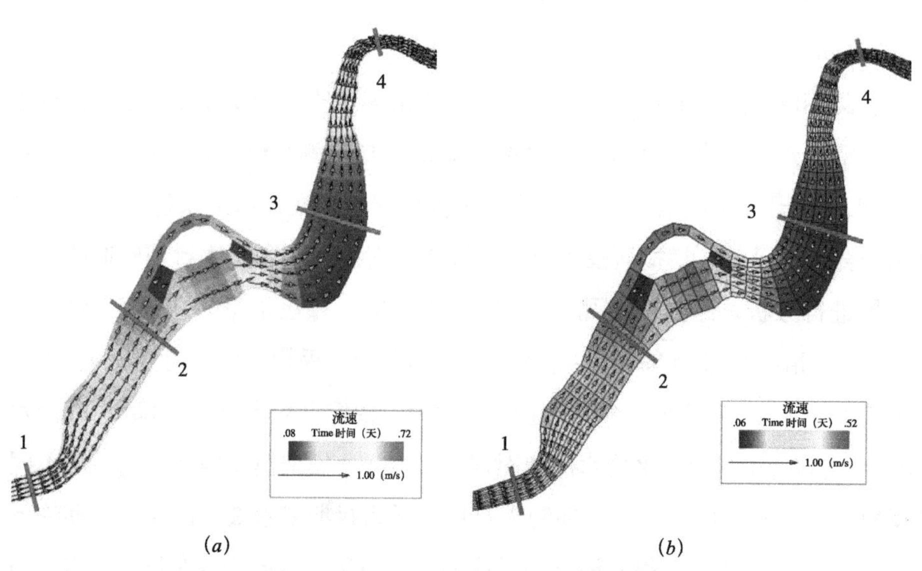

(a)　　(b)

图 4-22　牡丹江干流城市段流场示意图（局部）

(a) 非冰期；(b) 冰期

(5) 水质模拟结果验证

1) 参数率定结果分析

污染物进入河流后，在输移过程中通过物理、化学及生物的作用发生浓度衰减，其衰减速率反映了污染物在水体作用下降解速度的快慢。目前，大多数水质模型需要率定的参数即为衰减速率（Nares C，2013；Wool T A，2003；Marcos von Sperling，

2013）。郭儒（2008）通过对中国部分河流 COD 和 NH_3-N 衰减速率的研究成果进行总结得出：中国河流 COD 的衰减速率为 0.009 ～ 0.470d^{-1}，NH_3-N 的衰减速率为 0.071 ～ 0.350d^{-1}。这些河流多数处于温暖地区，河流没有冰期或冰期很短。

根据表 4-17 确定的模拟时段，对模拟河段冰期及非冰期 COD_{Cr} 和 NH_3-N 输移过程进行模拟。经计算，非冰封期内 COD_{Cr} 与 NH_3-N 的衰减速率分别为 0.03d^{-1} 和 0.05d^{-1}；冰封期内，COD_{Cr} 与 NH_3-N 的衰减速率分别为 0.01d^{-1} 和 0.02d^{-1}。与国内其他河流的衰减速率相比，牡丹江的 COD_{Cr} 和 NH_3-N 衰减速率无论是冰期还是非冰期，都处于较低水平，特别是 NH_3-N 的衰减速率，均比郭儒（2008）所总结的最低值要小。这可能与牡丹江所处的地理位置比其他河流更靠北、多年平均气温更低有关（Weiler R R，1979；Sratton F E，1969）。

从模拟结果来看，COD_{Cr} 和 NH_3-N 在冰封期的衰减速率均小于非冰封期的衰减速率（COD_{Cr}：0.03d^{-1} vs 0.01d^{-1}；NH_3-N：0.05d^{-1} vs 0.02d^{-1}），其主要原因：一是冰封期水温较低，过低的水温导致微生物对污染物的降解作用降低（Druon J N，2010）；二是冰封期河道上游来水量减少，加之受冰盖阻力影响，水体流动性变差，导致污染物的物理、化学和生物反应过程受到影响（Wright R M，1979；PU Xun-chi，1999.）；三是冰封期冰层将水体与大气隔绝，使得自然曝气形成的复氧过程停止，溶解氧浓度处于低值状态，有机物降解过程所需要的溶解氧来源受到限制，降解速率随之下降（王宪恩，2003）。

2）模拟结果分析

将不同时段内模拟结果与实测值进行比较并对其误差进行统计分析，其结果见图 4-23 ～图 4-26 和表 4-23、表 4-24。

图 4-23 为牡丹江干流 COD_{Cr} 实测值与模拟值结果对比图。从图 4-23 可以看出，COD_{Cr} 模拟值与实测值的变化趋势能够较好地吻合。表 4-23 为牡丹江干流模型 COD_{Cr} 模拟值与实测值统计分析结果。整体来看，4 个验证断面中，柴河大桥断面的平均相对误差最大，为 16.24%，温春大桥断面平均相对误差最小，为 8.65%。从不同模拟时期来看，非冰期的模拟效果较冰期的好。其中，江滨大桥和柴河大桥冰期与非冰期的模拟误差基本接近，分别为 13.18% 和 14.13% 以及 15.89% 和 16.52%。温春大桥和海浪断面冰期与非冰期的模拟误差较大，分别为 11.56% 和 7.68% 以及 14.23% 和 8.82%。造成冰期模拟效果差于非冰期模拟效果的主要原因是冰期内的实测值（样本数）较少（表 4-24），未测月份浓度信息的缺失对冰期的模拟效果产生一定的影响。

牡丹江干流模型 COD_{Cr} 模拟值与实测值统计分析　　表 4-23

模拟时期	温春大桥		海浪		江滨大桥		柴河大桥	
	样本数	平均相对误差（%）	样本数	平均相对误差（%）	样本数	平均相对误差（%）	样本数	平均相对误差（%）
冰期	6	11.56	8	14.23	6	13.18	7	15.89
非冰期	18	7.68	18	8.82	18	14.13	19	16.52
总计	24	8.65	26	10.49	24	13.89	26	16.24

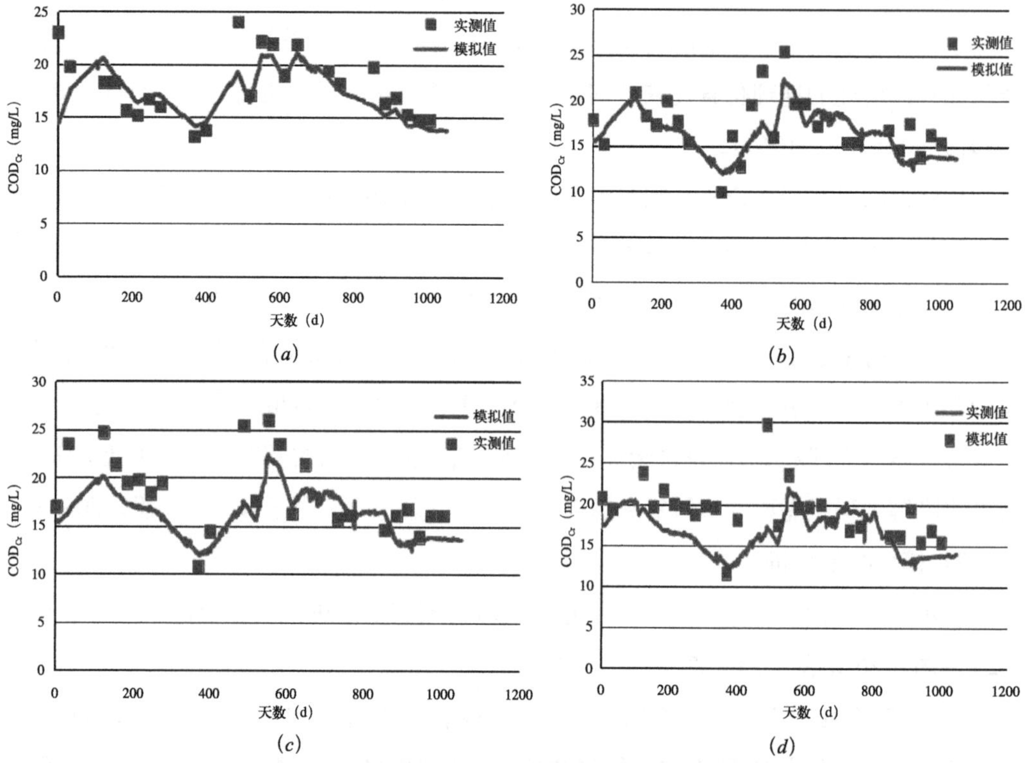

图 4-23　牡丹江干流 COD_{Cr} 实测值与模拟值结果对比图

(a) 温春大桥；(b) 海浪；(c) 江滨大桥；(d) 柴河大桥

图 4-25 为牡丹江干流 NH_3-N 实测值与模拟值结果对比图。从图 4-25 可以看出，NH_3-N 模拟值同样也可以大致反映实际的变化情况。表 4-24 为牡丹江干流模型 NH_3-N 模拟值与实测值统计分析结果。整体来看，4 个验证断面中，柴河大桥断面的平均相对误差最大，为 39.58%，温春大桥断面平均相对误差最小，为 14.88%。从不同模拟时期来看，与 COD_{Cr} 模拟效果不同，4 个验证断面非冰期的模拟效果各有差异。其中，温春大桥和江滨大桥冰期模拟效果优于非冰期的模拟效果，而海浪和柴河大桥非冰期模拟效果比冰期的好。总体而言，该模型用于牡丹江干流的 NH_3-N 模拟也是可行的，但模拟精度没有 COD_{Cr}

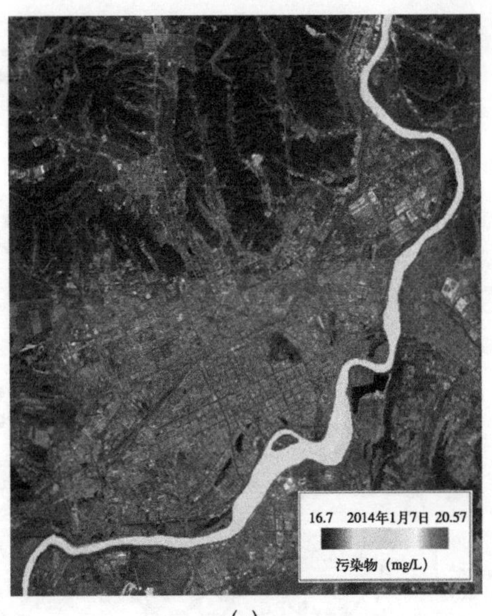

(a)

(b)

图 4-24　牡丹江干流 COD_{Cr} 浓度分布图（城区段）

(a) 2014-01-07（冰期）；(b) 2014-08-29（非冰期）

的模拟效果好。造成这一现象的主要原因是 COD_{Cr} 的污染源主要来自工业排污，其污染物浓度和排污量有连续监测的数据，这些数据为模型模拟提供了支撑；对于 NH_3-N 而言，其污染源主要来自流域内的面源污染和生活污水（王泽斌等，2011），因缺少面源污染的监测资料，导致 NH_3-N 浓度边界条件准确度下降，进而影响到模型的模拟精度。

图 4-24 和图 4-26 分别为 COD_{Cr} 和 NH_3-N 模拟结果在冰期和非冰期内的空间分布图。由图 4-24、图 4-26 可以明显看出污染物从排污口处排入牡丹江，污染物浓度在稀释和扩散的作用下，经过一段距离后在下游河道中充分混合，断面浓度基本达到一致 (Fischer H B，1979)。经计算，COD_{Cr} 或 NH_3-N 浓度从排污口排出后，经过 3 ~ 5km 即达到基本混合。当排污口下游一段河道较为平直时，浓度达到基本混合的距离较长，而当排污口下游一段河道走向蜿蜒曲折时，受湍流影响，浓度达到基本混合的距离较短。

牡丹江干流模型 NH_3-N 模拟值与实测值统计分析　　表 4-24

模拟时期	温春大桥		海浪		江滨大桥		柴河大桥	
	样本数	平均相对误差（%）	样本数	平均相对误差（%）	样本数	平均相对误差（%）	样本数	平均相对误差（%）
冰期	6	10.92	8	35.94	6	21.66	9	55.15
非冰期	17	16.28	17	33.42	18	35.35	19	32.32
总计	23	14.88	25	34.23	24	31.93	28	39.58

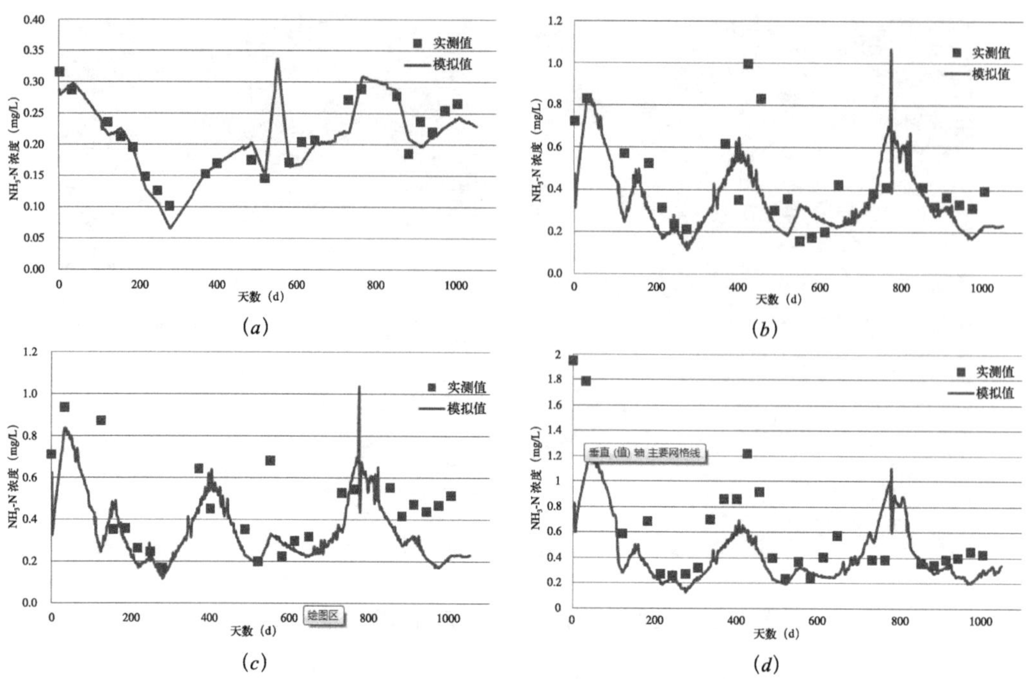

图 4-25　牡丹江干流 NH_3-N 实测值与模拟值结果比较

（*a*）温春大桥；（*b*）海浪；（*c*）江滨大桥；（*d*）柴河大桥

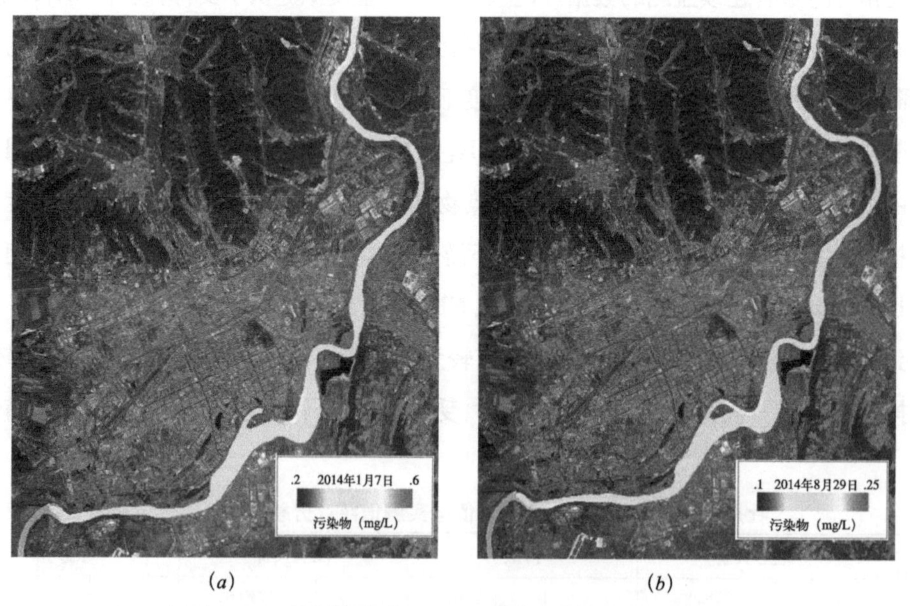

图 4-26　牡丹江干流 NH_3-N 浓度分布图（城区段）

（*a*）2014-01-07（冰期）；（*b*）2014-08-29（非冰期）

（6）小结

根据河道地形资料及水质监测资料构建了二维水动力水质模型，对冰封期和非冰封期内的 COD_{Cr} 和 NH_3-N 浓度进行了模拟，对扩散系数、河床糙率及综合衰减速率等参数进行了率定及验证。对研究成果进行分析，可得出以下结论。

1）将 EFDC 模型应用于牡丹江干流城市段 COD_{Cr} 和 NH_3-N 水质指标模拟，其模拟精度较高。研究结果显示，4 个验证断面 COD_{Cr} 浓度模拟误差介于 8.65% ～ 16.24%，NH_3-N 浓度模拟误差为 14.88% ～ 39.58%，模拟结果能够客观地反映 COD_{Cr} 和 NH_3-N 在该江段中冰期和非冰期时段内的输移过程，将该模型应用于牡丹江干流的水质预测与预报是可行的。同时，牡丹江在中国北方寒冷地区具有典型性和代表性，因此可以将该模型推广到北方寒冷地区河流的水动力水质过程模拟研究中。

2）冰封期内 COD_{Cr} 和 NH_3-N 衰减速率要低于非冰封期内的衰减速率。研究结果显示，牡丹江干流非冰封期内 COD_{Cr} 与 NH_3-N 的衰减速率分别为 $0.03d^{-1}$ 和 0.05^{-1}；冰封期内，COD_{Cr} 与 NH_3-N 的衰减速率分别为 $0.01d^{-1}$ 和 $0.02d^{-1}$。影响衰减速率大小的主要因素为气温、上游来水量以及冰层覆盖。因此，要模拟寒冷地区河道内污染物的迁移变化过程，须分冰封期和非冰期分别进行模拟。

3）糙率是影响河流水动力过程的一个重要参数。非冰封期内，河道的糙率仅考虑河床的糙率，而当河流处于冰封状态时，河道的糙率除河床糙率外还要考虑冰盖阻力的影响，因此在模拟寒冷地区河道的水动力过程时，也需要分冰期和非冰期分别进行模拟，也就是说需要分别率定冰封期和非冰封期的糙率。本研究模型所用冰封期和非冰封期的糙率系数，取得了良好的模拟效果。

4）研究区 NH_3-N 的污染源主要来自流域范围内的水土流失、农田退水、规模化养殖、农村地区垃圾等面源污染以及城镇生活污水。由于研究区缺少面源污染实测资料，造成 NH_3-N 模拟精度比 COD 的精度低。因此，为全面把握 NH_3-N 的污染规律，需要加强对牡丹江流域的面源污染监测，从而进一步提高 NH_3-N 模拟精度。

4.3.4.3　镜泊湖模型构建

（1）镜泊湖网格划分

镜泊湖水库库型狭长，南北长 45km，东西最宽处 6km，最窄处仅 300 多米，属于典型的河道型水库。水库两岸山坡坡度较陡，水库正常范围内的涨落引起的水面面积变化不大，因此，镜泊湖水库水体边界采用多年平均水位 347.95m 时的边界线(图 4-27)。

采用 Delft3D 网格划分工具对镜泊湖水库进行网格划分，其网格矩阵为 211 行 × 128 列，共计 4958 个水体单元格。单元格平均尺度 150.6m × 145.4m，单元格划分情况见图 4-28。由于缺少镜泊湖水库库底高程实测资料，采用水体边界高程、牡丹江入库口高程和水库大坝下游附近河底高程粗略计算水库库底高程，库底高程介于 293.0 ~ 346.3m（图 4-29）。

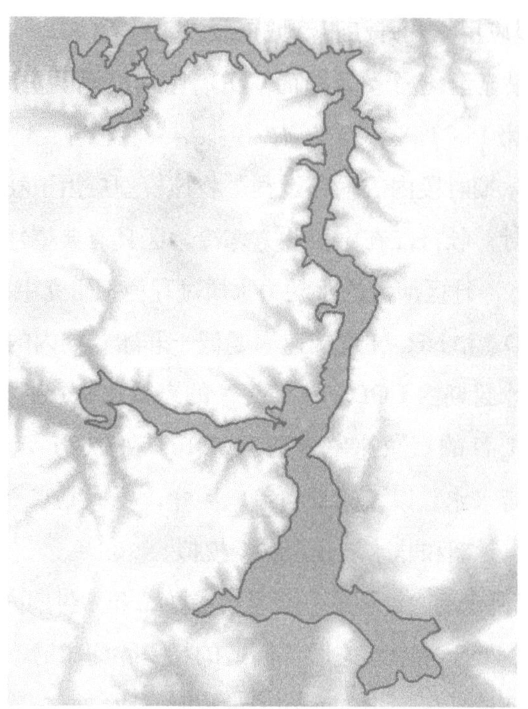

图 4-27 镜泊湖水库水体边界示意图

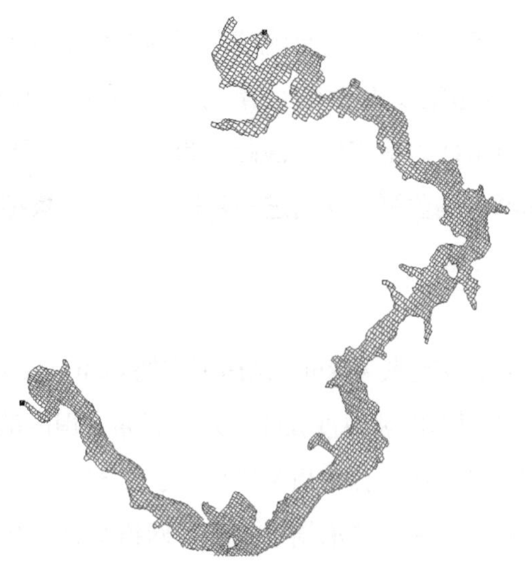

图 4-28 镜泊湖水库水体网格划分示意图（局部）

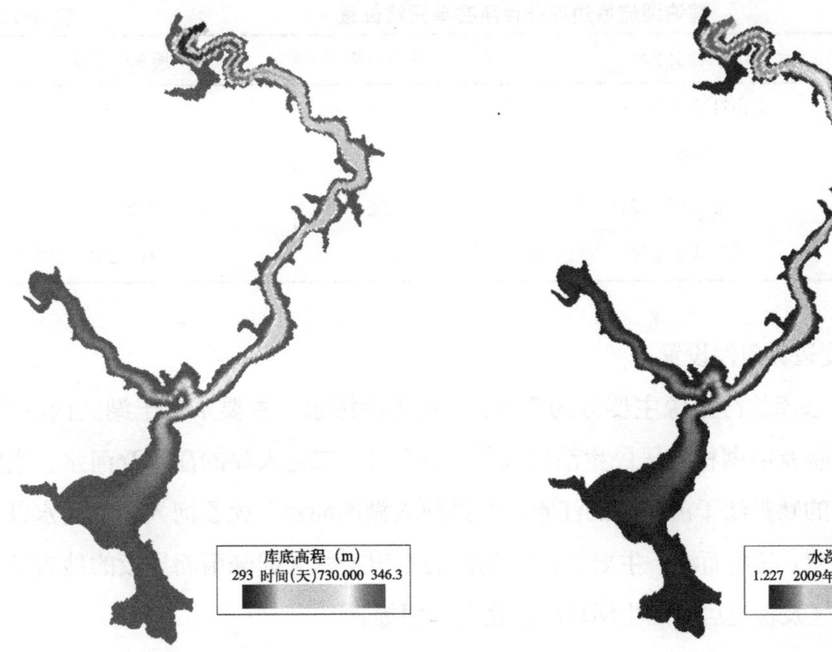

图 4-29 镜泊湖水库库底高程　　图 4-30 镜泊湖水库初始水深

（2）初始条件设置

1）初始水深设置

取 2010 年 1 月 1 日零时的水深。首先确定初始时刻的水位为 347.5m，再由初始水位减去库底高程便可得到每个水体单元格的水深（图 4-30）。

2）初始浓度设置

镜泊湖水库目前的水质监测断面包括大山咀子、老鹄砬子、电视塔和果树场，因此，初始浓度由这 4 个水质监测断面 2010 年 1 月的实测数据插值获得。插值方法与干流采用的方法相同。

（3）边界条件设置

1）入、出库流量设置

入库流量边界条件设置。镜泊湖水库入库流量边界条件包括大山咀子流量、尔站河流量和松乙河流量（表 4-25）。其中，大山咀子流量采用模拟期内实测流量资料，尔站河流量和松乙河流量采用 4.3.3 节的方法，即流域面积同比例缩放法推算求得。

出库流量边界条件设置。采用流域面积同比例缩放法，根据石头水文站实测流量数据推算得到镜泊湖水库出库流量数据。

镜泊湖流量边界条件所在单元格位置　　表 4-25

序号	断面名称	流量类型	所在单元格
1	大山咀子（干流入湖口）	入流	67，23；68，23
2	尔河入湖口	入流	8，78
3	松乙河入湖口	入流	126，25
4	大坝泄流	出流	10，202

2）浓度边界条件设置

镜泊湖水库的污染源主要分为 3 类：一是生活污水，主要来自于湖区内各宾馆、饭店、疗养院及沿湖村屯居民生活排放的生活污水；二是入湖的江水及河水，主要来自大山咀子的牡丹江干流上游的江水、尔站河入湖的河水、松乙河入湖的河水以及山涧小溪的溪水；三是面源，主要是湖区周围的农田、林区因降雨而导致的地表径流水以及沿湖林区及村屯居民的生活垃圾、畜禽粪便等。

镜泊湖浓度边界条件主要为大山咀子断面水质指标监测浓度时间序列。

（4）水动力过程验证

由于镜泊湖水库无流速、流量等实测资料，仅有坝前水位实测资料，因此，镜泊湖水库的水动力过程通过水位来进行验证。受镜泊湖水库水位实测资料限制，水位验证采用有实测水位资料的时段来进行对比分析。如图 4-31 所示，对 2012-06-01 至 2012-09-30 时段的模拟水位与实测水位进行对比，由图 4-31 可以看出，水库水位在 348 ～ 350m 区间变化时，模拟值与实测值能够较好地吻合；当水位超过 350m 时，模拟值与实测值误差变大，这与库底高程概化精度有关。

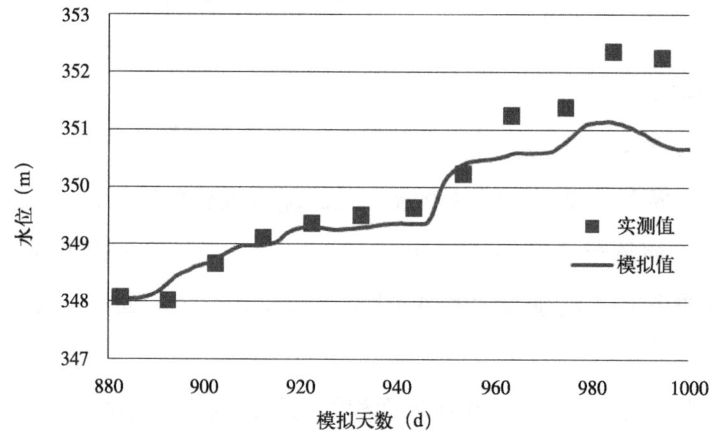

图 4-31　镜泊湖水库 2012-06-01 至 2012-09-30 水位模拟结果

（5）水质模拟结果验证

对 2010-01-01 至 2012-12-31 镜泊湖水库 COD_{Mn} 和 NH_3-N 进行模拟。库底糙率取 0.035，水平扩散系数取 1.0m^2/s，垂向紊动黏滞系数取 1.0E-07m^2/s，垂向紊动扩散系数取 1E-08m^2/s。COD_{Mn} 综合衰减速率和 NH_3-N 综合衰减系数均取 0.002/d。各水质监测断面 COD_{Mn} 和 NH_3-N 模拟结果分别见图 4-32、图 4-33。图 4-34 ～图 4-39 为 COD_{Mn} 和 NH_3-N 模拟结果浓度分布图。

对各水质断面模拟结果和实测值进行对比分析，大山咀子、老鹄砬子、电视塔和果树场断面 COD_{Mn} 模拟结果平均相对误差分别为 1.83%、19.97%、25.83% 和 15.27%；NH_3-N 模拟结果平均相对误差分别为 2.76%、21.86%、32.02% 和 26.92%；全库 COD_{Mn} 模拟结果平均误差为 20.36%，NH_3-N 为 26.92%，详细统计分析数据见表 4-26。从统计结果数据来看，COD_{Mn} 模拟误差由大到小排列依次为电视塔 > 老鹄砬子 > 果树场 > 大山咀子；NH_3-N 模拟误差由大到小排列依次为电视塔 > 果树场 > 老鹄砬子 > 大山咀子。COD_{Mn} 模拟精度高于 NH_3-N 模拟精度。总体来看，镜泊湖水库水动力水质模型能够较为客观地反映实际浓度变化趋势，所建模型和率定参数可以应用于镜泊湖水库水质模拟。

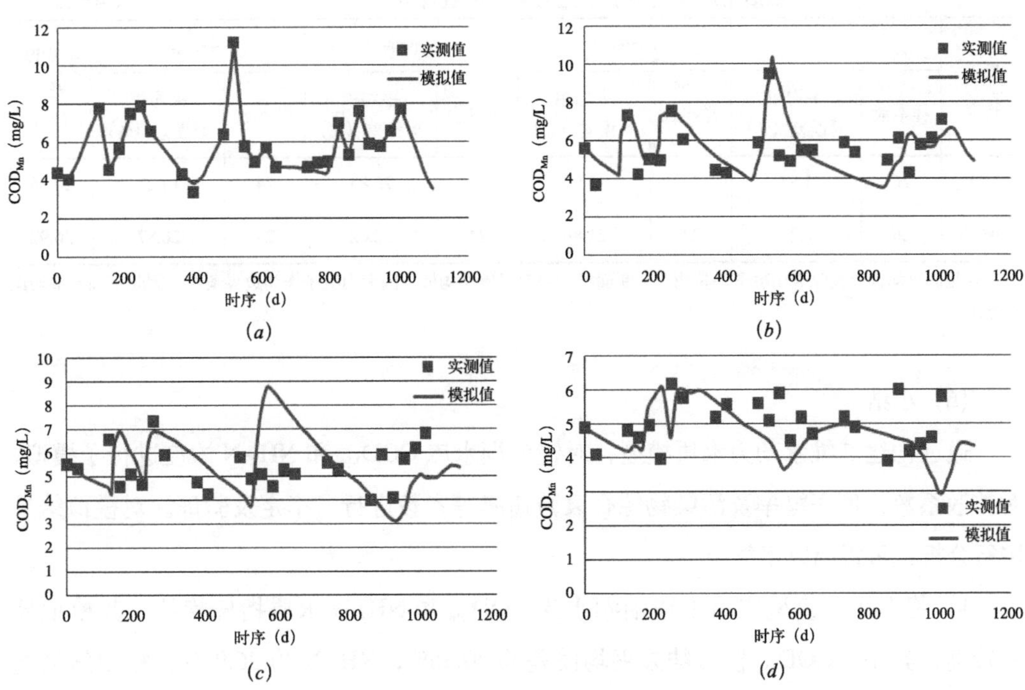

图 4-32　各水质监测断面 COD_{Mn} 模拟值与实测值对比图

(*a*) 大山咀子；(*b*) 老鹄砬子；(*c*) 电视塔；(*d*) 果树场

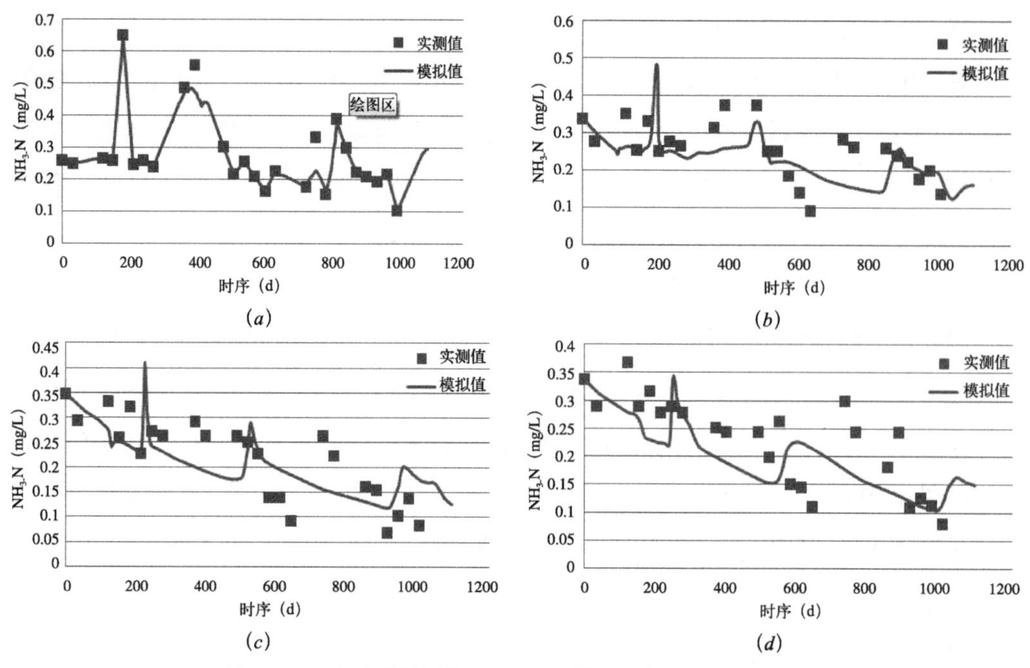

(*a*) (*b*) (*c*) (*d*)

图 4-33　各水质监测断面 NH_3-N 模拟值与实测值对比图

(*a*) 大山咀子；(*b*) 老鹄砬子；(*c*) 电视塔；(*d*) 果树场

镜泊湖水库模型模拟值与实测值统计分析　　**表 4-26**

模拟指标	大山咀子		老鹄砬子		电视塔		果树场		平均误差*（%）
	样本数	平均相对误差（%）	样本数	平均相对误差（%）	样本数	平均相对误差（%）	样本数	平均相对误差（%）	
COD_{Mn}	26	1.83	24	19.97	24	25.83	24	15.27	20.36
NH_3-N	26	2.76	24	21.86	24	32.02	24	26.87	26.92

*：这里的平均误差指除大山咀子外其他 3 个断面平均相对误差之均值。因大山咀子作为边界条件，因此不列入平均误差统计。

（6）小结

通过构建二维水动力水质模型，对镜泊湖水库 COD_{Mn} 和 NH_3-N 浓度进行了模拟，对扩散系数、库底糙率及污染物综合衰减速率等参数进行了率定及验证。对模拟结果进行分析，可得出以下结论。

1）将 EFDC 模型应用于镜泊湖水库 COD_{Mn} 和 NH_3-N 水质指标模拟，其模拟精度较高，其中，COD_{Mn} 模拟结果平均误差为 20.36%，NH_3-N 为 26.92%，模拟结果能够很好地反映 COD_{Mn} 和 NH_3-N 在水库中的输移过程，将该模型应用于镜泊湖水库水

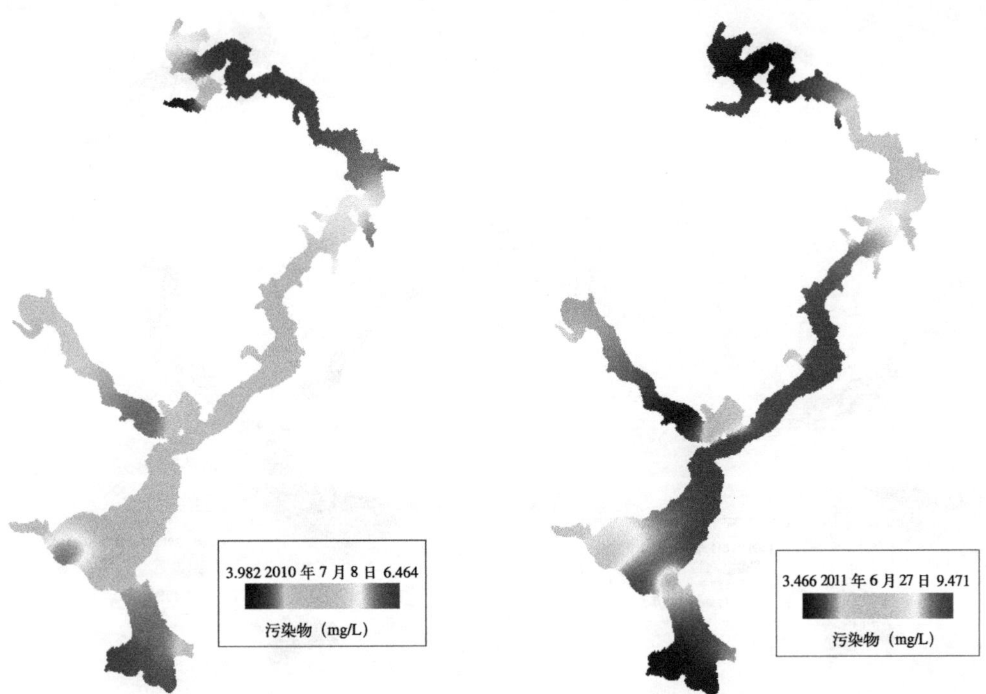

图 4-34　COD_{Mn} 浓度分布图（2010-07-08）　图 4-35　COD_{Mn} 浓度分布图（2011-06-27）

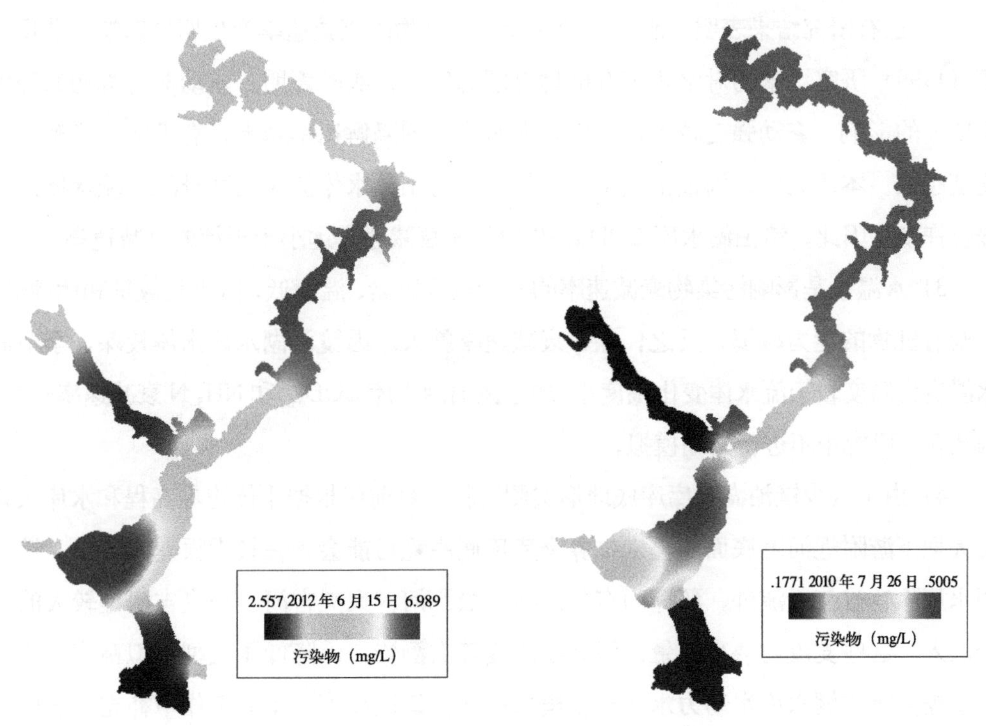

图 4-36　COD_{Mn} 浓度分布图（2012-06-15）　图 4-37　NH_3-N 浓度分布图（2010-07-26）

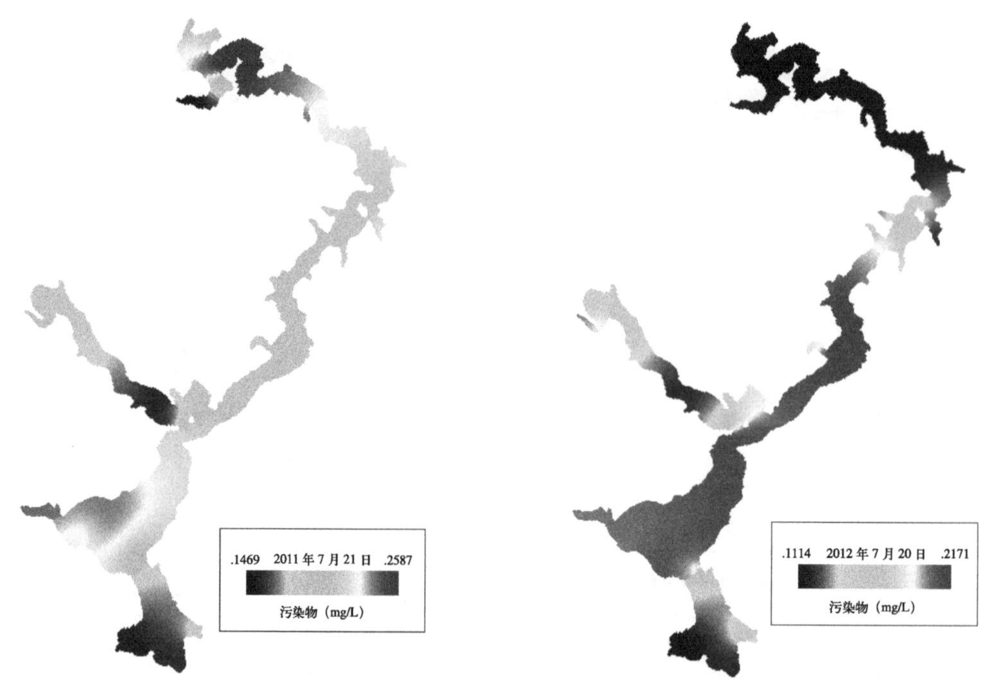

图 4-38 NH_3-N 浓度分布图（2011-07-21）

图 4-39 NH_3-N 浓度分布图（2012-07-20）

质预测与预报是可行的。

2）已有研究结果表明，水体紊动强度对污染物的衰减速率产生明显影响。蒲迅赤等（1999）研究了紊动对水体中有机物降解的影响，实验表明，紊动对有机物的降解有明显的影响。紊动强度越大，有机物在水体中的降解速率越大，有机物的降解反应速度越快。本研究中，因镜泊湖水库水体相对封闭，水体流速较牡丹江干流水体流速缓慢许多，因此，镜泊湖水库 COD_{Mn} 和 NH_3-N 衰减速率远小于干流的衰减速率。

3）水温也是影响污染物衰减速率的一个重要因素，温度低，微生物数量和活性低，分解有机物的能力减弱，反之，综合衰减速率就大。因镜泊湖水库水体较深，季节间水温变化幅度较干流水体变化幅度小，加之镜泊湖水库 COD_{Mn} 和 NH_3-N 衰减速率较小，因此在本研究中不进行分期模拟。

4）由于缺少镜泊湖水库库底地形实测资料，目前仅根据水体边界高程和水库入口及大坝下游附近河道底面高程来推算全库库底高程可能会存在较大误差。此外，镜泊湖水库除牡丹江干流外，环库尚有尔站河、松乙河、大夹吉河、小夹吉河等较大的支流汇入，这些支流均缺少流量、污染物浓度等实测资料，降低了模型模拟精度。为进一步提高镜泊湖水库水动力水质模型模拟精度，建议在下一步的工作中补充上述所缺资料，待资料完整后可重新对模型参数进行率定和模型验证。

4.3.5 情景模拟

4.3.5.1　常规水质预测预警情景分析

（1）情景案例设置

对牡丹江干流不同来水保证率下日常水质过程进行情景模拟。假定模拟时段为 2017 年 6 ~ 8 月，河道处于非冰封期，来水保证率分别设定为 75%（偏枯）、50%（正常）和 25%（偏丰），模拟指标为化学需氧量（COD_{Cr}），模型计算步长为 6s，输出结果步长 24h，设定 6 月 1 日为第 1 天。糙率系数取 0.035，衰减系数 0.03/d，初始水深分别为 2.25m、2.49m 和 2.82m，初始浓度值采用 2014 年 5 月西阁、温春大桥、海浪、江滨大桥和桦林大桥水质监测断面实测 COD_{Cr} 值（表 4-27），对所有网格进行插值；沿岸主要排污口包括宁安市政排污口、温春镇生活污水排污口、海浪河入江口、恒丰纸业排污口、北安河入江口、牡丹江市城市污水厂排污口、柴河林海纸业排污口和柴河镇生活排污口等。西阁断面和海浪河入江断面流量分别采用 75%、50% 和 25% 来水保证率下的流量(表 4-28)，各排污口流量采用 2014 年污水排放量值折算为流量值。西阁断面和海浪河入口浓度边界条件采用 2014 年 6 ~ 8 月 COD_{Cr} 浓度实测值(表 4-29)。其模拟结果见图 4-40 ~图 4-61。

2014 年 5 月各水质监测断面 COD_{Cr} 浓度实测值（初始条件）　　表 4-27

序号	断面名称	浓度（mg/L）
1	西阁	16.4
2	温春大桥	19.8
3	海浪	16.8
4	江滨大桥	14.6
5	柴河大桥	16.1

牡丹江干流 COD_{Cr} 预测预警情景案例流量边界条件　　表 4-28

序号	断面与排污口名称	天数（d）	不同来水保证率流量（m^3/s）		
			75%	50%	25%
1	西阁断面	0	56.46	99.660	162.62
		30	56.46	99.660	162.62
		31	71.20	120.520	188.90
		95	71.20	120.520	188.90
2	宁安市政	0		0.230	
		95		0.230	

续表

序号	断面与排污口名称	天数（d）	不同来水保证率流量（m³/s）		
			75%	50%	25%
3	温春镇生活	0		0.080	
		95		0.080	
4	海浪河入口	0	27.39	47.740	79.87
		30	27.39	47.740	79.87
		31	33.60	58.190	94.88
		95	33.60	58.190	79.87
5	恒丰纸业	0		0.100	
		95		0.100	
6	北安河入江口	0		0.047	
		95		0.047	
7	城市污水厂排口	0		1.180	
		95		1.180	
8	林海纸业	0		0.040	
		95		0.040	
9	柴河镇生活	0		0.090	
		95		0.090	

牡丹江干流 COD_{Cr} 预测预警情景案例浓度边界条件　　表 4-29

序号	排污口名称	天数（d）	浓度（mg/L）
1	西阁断面	0	15.4
		31	16.1
		63	14.6
		95	14.6
2	宁安市政	0	31.1
		95	31.1
3	温春镇生活	0	114.0
		95	114.0
4	海浪河入口	0	14.6
		31	17.5
		63	13.9
		95	16.3
5	恒丰纸业	0	30.4
		95	30.4
6	北安河入江口	0	48.7
		95	80.0
7	城市污水厂排口	0	32.2
		95	32.2

续表

序号	排污口名称	天数（d）	浓度（mg/L）
8	林海纸业	0	68.3
		95	68.3
9	柴河镇生活	0	119.0
		95	119.0

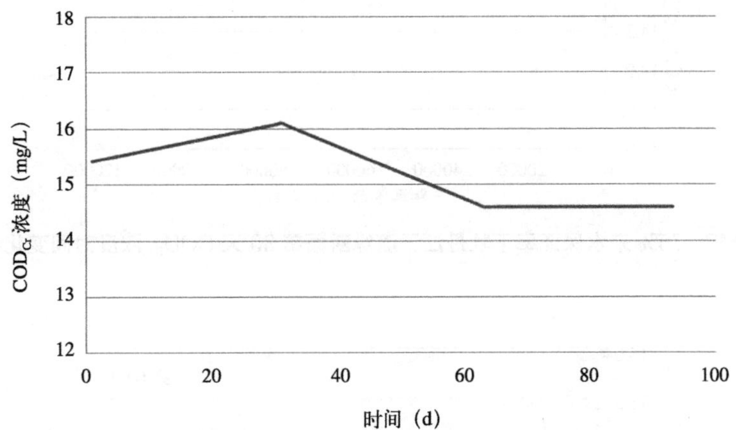

图 4-40　西阁断面 COD$_{Cr}$ 浓度时间变化曲线（浓度边界条件）

（2）模拟结果

1）75% 保证率下模拟结果

①主要断面浓度变化曲线见图 4-41。

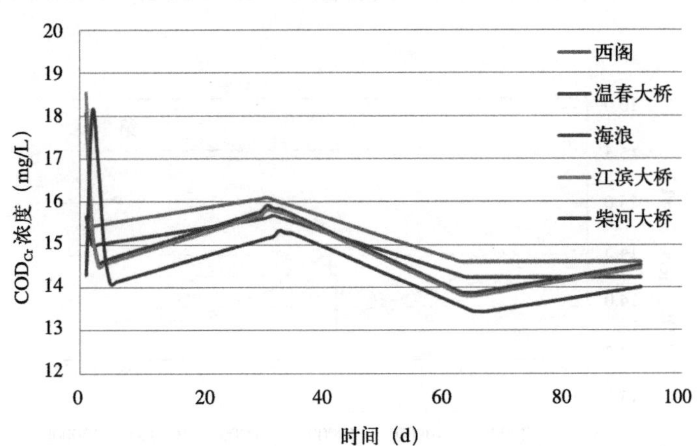

图 4-41　75% 来水保证率下各水质监测断面 COD$_{Cr}$ 浓度时间变化曲线

②纵断面浓度变化曲线见图 4-42 ～图 4-44。

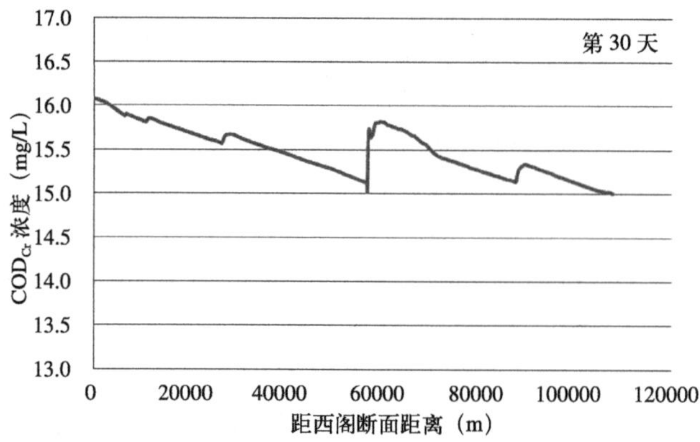

图 4-42　75% 来水保证率下牡丹江干流纵断面第 30 天 COD_{Cr} 浓度时间变化曲线

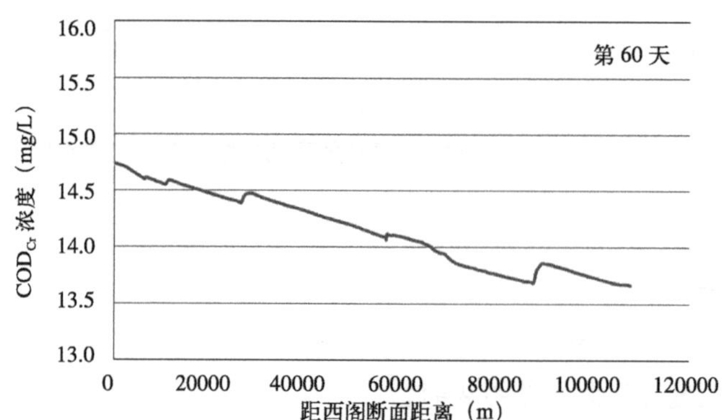

图 4-43　75% 来水保证率下牡丹江干流纵断面第 60 天 COD_{Cr} 浓度时间变化曲线

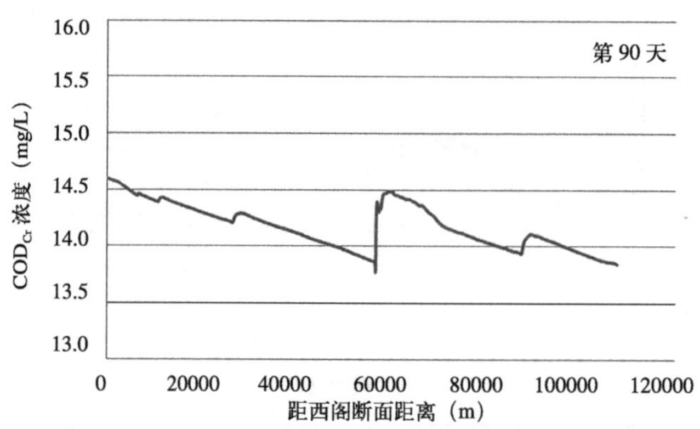

图 4-44　75% 来水保证率下牡丹江干流纵断面第 90 天 COD_{Cr} 浓度时间变化曲线

③城市段浓度分布见图 4-45 ~图 4-47。

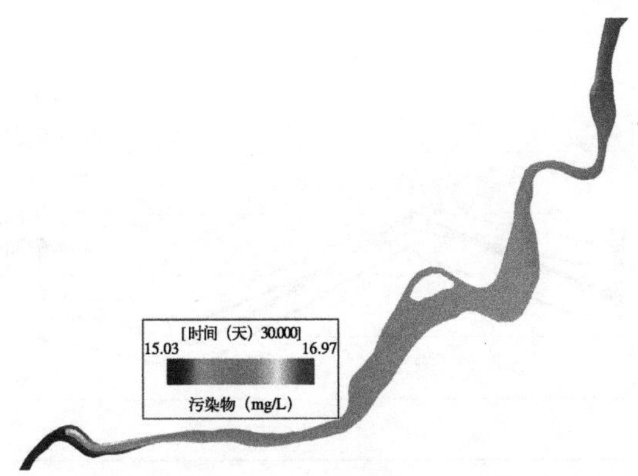

图 4-45　75% 来水保证率下牡丹江干流城区段第 30 天 COD_{Cr} 浓度分布图

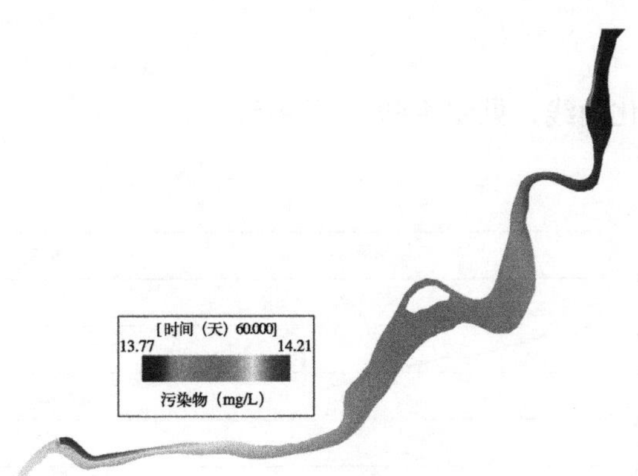

图 4-46　75% 来水保证率下牡丹江干流城区段第 60 天 COD_{Cr} 浓度分布图

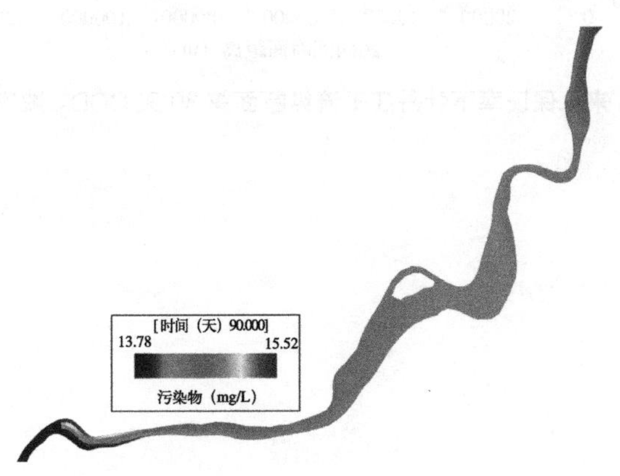

图 4-47　75% 来水保证率下牡丹江干流城区段第 90 天 COD_{Cr} 浓度分布图

2）50% 保证率下模拟结果

①主要断面浓度变化曲线，见图 4-48。

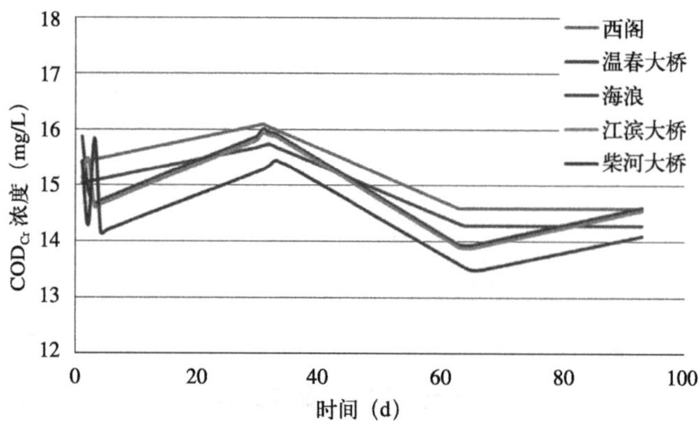

图 4-48　50% 来水保证率下各断面 COD_{Cr} 浓度时间变化曲线

②纵断面浓度变化曲线，见图 4-49 ～图 4-51。

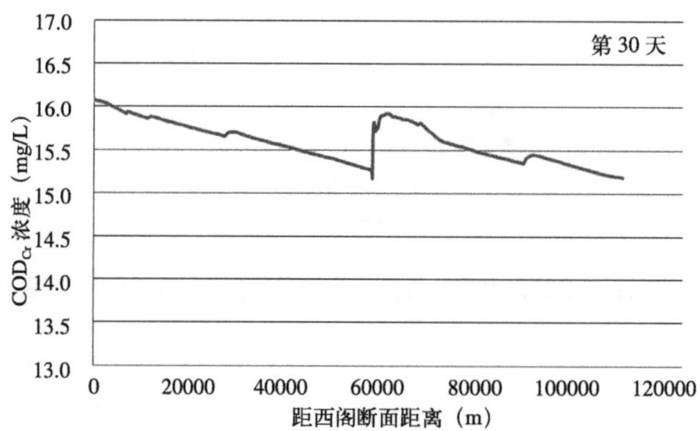

图 4-49　50% 来水保证率下牡丹江干流纵断面第 30 天 COD_{Cr} 浓度时间变化曲线

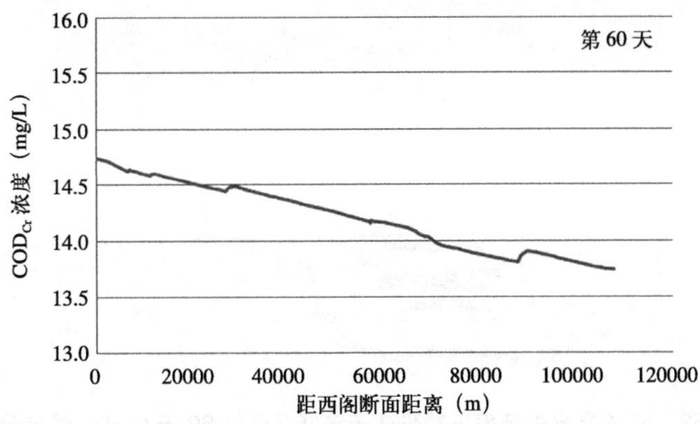

图 4-50　50% 来水保证率下牡丹江干流纵断面第 60 天 COD_{Cr} 浓度时间变化曲线

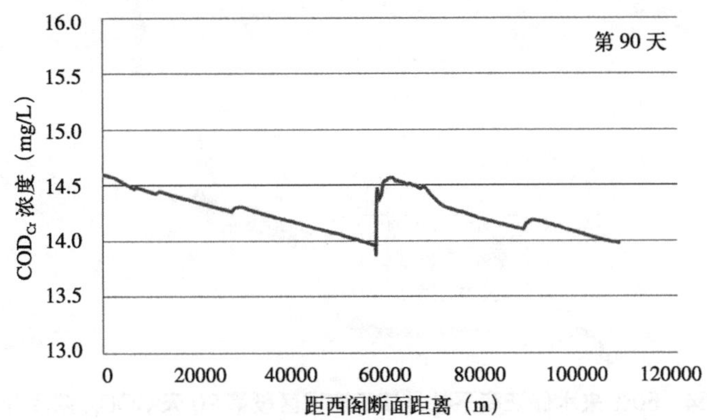

图 4-51　50% 来水保证率下牡丹江干流纵断面第 90 天 COD_{Cr} 浓度时间变化曲线

③城市段浓度分布，见图 4-52 ～图 4-54。

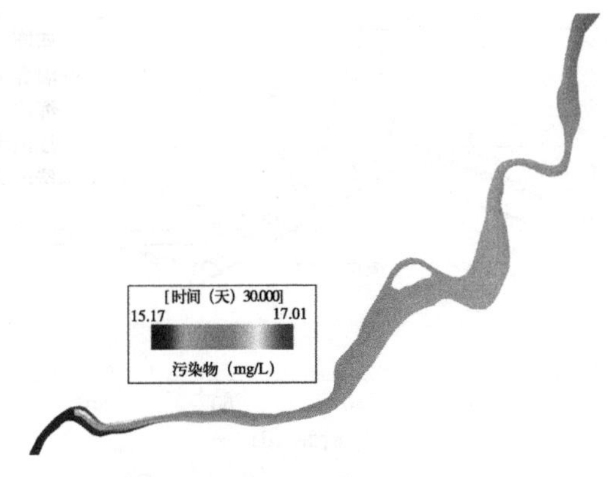

图 4-52　50% 来水保证率下牡丹江干流城区段第 30 天 COD_{Cr} 浓度分布图

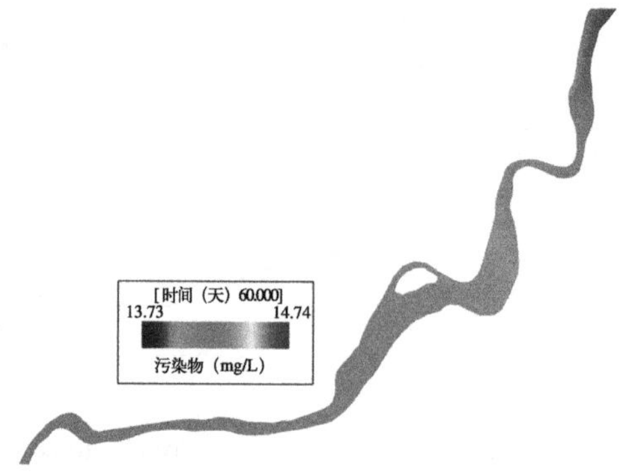

图 4-53　50% 来水保证率下牡丹江干流城区段第 60 天 COD_{Cr} 浓度分布图

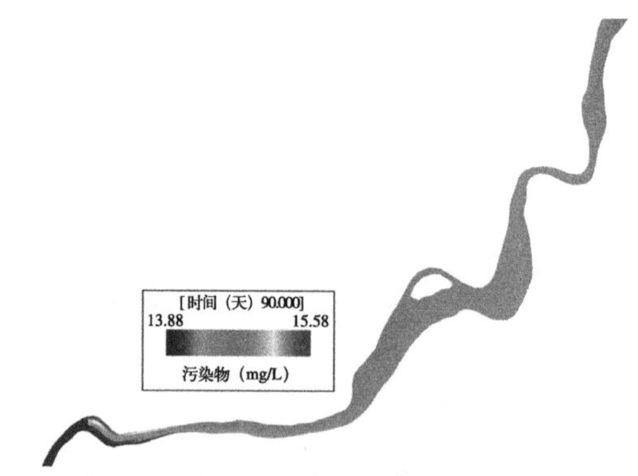

图 4-54　50% 来水保证率下牡丹江干流城区段第 90 天 COD_{Cr} 浓度分布图

3）25% 保证率下模拟结果

①主要断面浓度变化曲线，见图 4-55。

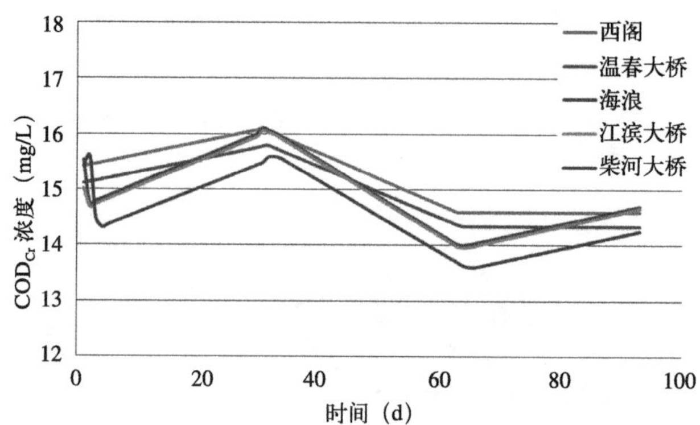

图 4-55　25% 来水保证率下各断面 COD_{Cr} 浓度时间变化曲线

②纵断面浓度变化曲线，见图 4-56 ~图 4-58。

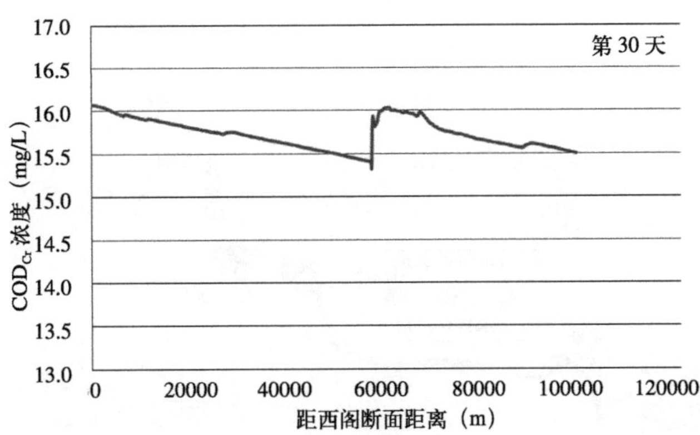

图 4-56　25% 来水保证率下牡丹江干流纵断面第 30 天 COD_{Cr} 浓度时间变化曲线

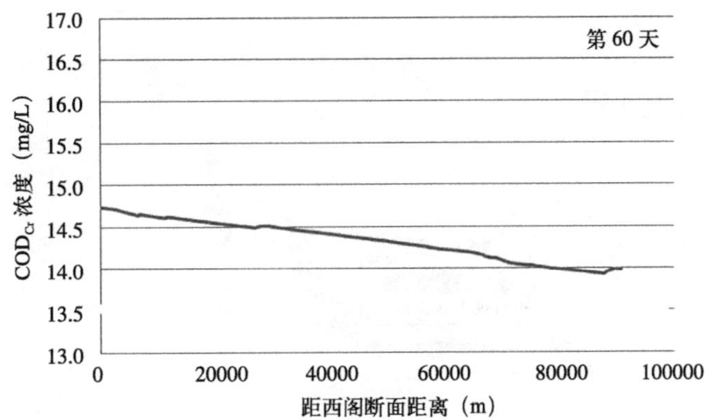

图 4-57　25% 来水保证率下牡丹江干流纵断面第 60 天 COD_{Cr} 浓度时间变化曲线

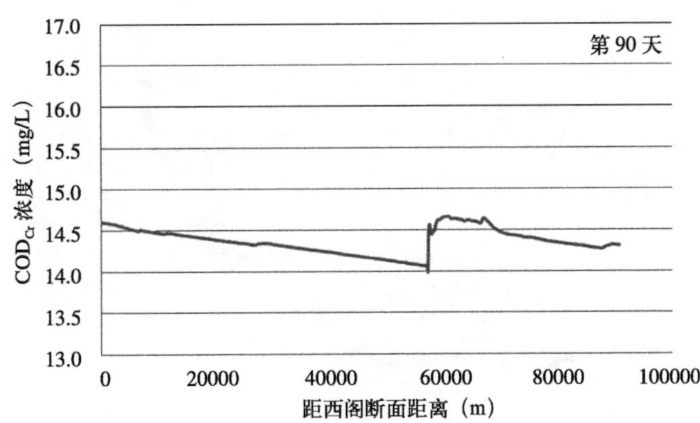

图 4-58　25% 来水保证率下牡丹江干流纵断面第 90 天 COD_{Cr} 浓度时间变化曲线

③城市段浓度分布，见图 4-59 ~图 4-61。

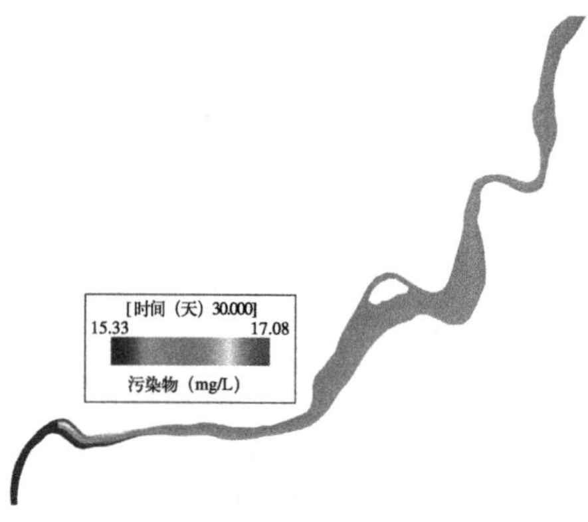

图 4-59　25% 来水保证率下牡丹江干流城区段第 30 天 COD_{Cr} 浓度分布图

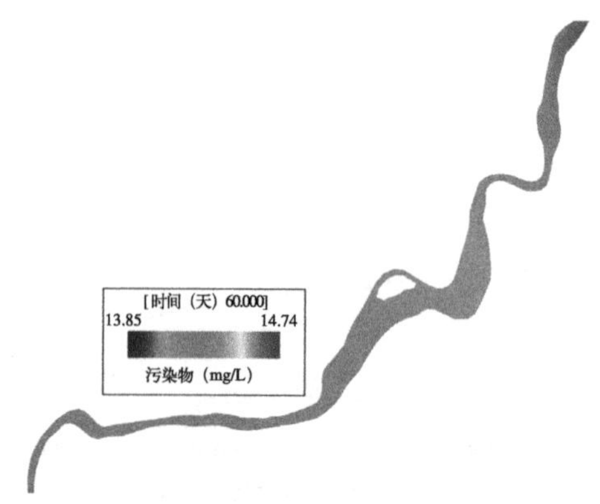

图 4-60　25% 来水保证率下牡丹江干流城区段第 60 天 COD_{Cr} 浓度分布图

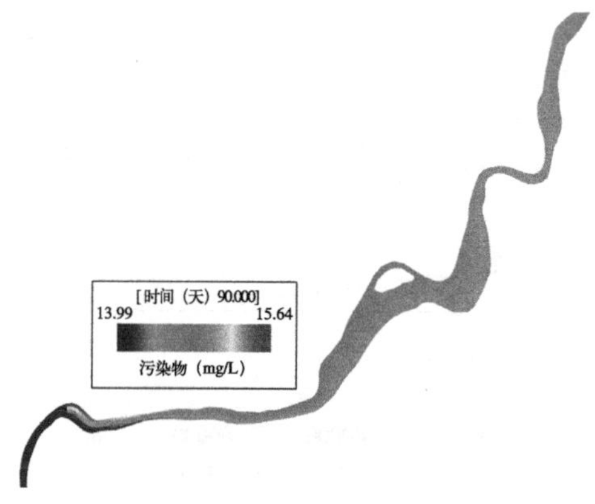

图 4-61　25% 来水保证率下牡丹江干流城区段第 90 天 COD_{Cr} 浓度分布图

（3）模拟结果分析

图 4-41 为 75% 来水保证率下 2017 年 6 ～ 8 月温春大桥、海浪、江滨大桥和柴河大桥 4 个断面的 COD_{Cr} 浓度变化过程。

从图 4-41 可以看出，温春大桥断面 COD_{Cr} 浓度变化趋势与西阁断面浓度变化趋势一致，其原因是西阁断面到温春大桥断面之间江段仅有镜泊湖农业排口，排污量和污水浓度较低，对干流水质浓度影响较小，在衰减作用下，COD_{Cr} 浓度从西阁断面到温春大桥断面逐渐降低，下降幅度为 0.4mg/L。在没有其他污水排入或排污量、排污浓度较小的情况下，温春大桥断面 COD_{Cr} 浓度值的大小取决于西阁断面来水 COD_{Cr} 浓度值的大小和衰减系数的大小。

图 4-41 显示，海浪断面、江滨大桥断面和柴河大桥断面 COD_{Cr} 浓度变化趋势一致，各断面浓度值由高到低为海浪 > 江滨大桥 > 柴河大桥。造成西阁、温春大桥 2 个断面与海浪、江滨大桥及柴河大桥 3 个断面变化趋势不一致的原因为海浪河来水 COD_{Cr} 浓度的影响。海浪河的来水量约占牡丹江水文断面来水量的 1/3，海浪河来水的浓度对下游浓度影响很大，当海浪河来水水质浓度低于干流来水水质浓度时，海浪河对干流水质起到稀释的作用，当海浪河来水水质浓度高于干流来水水质浓度时，会导致干流水质浓度升高。从表 4-29 中可以看到，海浪河第 31 天的 COD_{Cr} 浓度为 17.5mg/L，高于上游西阁断面同期来水浓度 16.1mg/L，同样，海浪河第 95 天的 COD_{Cr} 浓度为 16.3mg/L，高于上游西阁断面同期来水浓度 14.6mg/L，而在第 63 天时，海浪河来水 COD_{Cr} 浓度则低于西阁断面来水 COD_{Cr} 浓度。因此，反映到图 4-41 中即表现为海浪河入口下游 3 个水质监测断面的 COD_{Cr} 浓度变化趋势较海浪河入口上游 2 个水质监测断面剧烈。

图 4-41 中显示，海浪断面和江滨大桥断面 COD_{Cr} 浓度变化趋势几乎一致，江滨大桥断面浓度略低于海浪断面，其主要原因是海浪断面与江滨大桥断面距离较近，且该段内没有排污口，因此两断面浓度变化差异不大。其浓度变化主要是由衰减速率引起的。

图 4-41 中柴河大桥 COD_{Cr} 浓度变化曲线显示，该断面前 5 天浓度变化较大，其原因是由初始浓度设置以及柴河大桥上游排污口向下游传播需要一定时间造成的。由表 4-27 可知，江滨大桥断面的浓度小于柴河大桥断面浓度，因此，初始浓度在插值时柴河大桥处浓度最高，越往上游浓度越低。这种情况下，当模型开始运算时，上游水体随时间推移而向下游推进，因此柴河大桥断面浓度在第 1 天迅速降低。到第 2 天末，由于上游牡丹江市城市污水厂排污口以及其他排污口的污水与干流来水混合后抵达柴河断面，因此，柴河断面的浓度又迅速升高。随后的变化过程与海浪断面和江滨大桥断面的趋势基本一致。

50% 和 25% 来水保证率下各断面 COD_{Cr} 浓度变化趋势与 25% 的变化情况类似，见图 4-48 以及图 4-55。

图 4-42 ～图 4-44 分别为 75% 来水保证率下牡丹江干流纵断面第 30、60 及 90 天 COD_{Cr} 浓度变化曲线。从图 4-42 ～图 4-44 可以看出，在距西阁断面约 12、28、57 和 89km 附近，COD_{Cr} 浓度变化较大，其原因为这些断面上游附近有排污口或重要支流汇入。其中，12km 处上游附近为宁安市政排污口，28km 处上游附近为温春镇生活排口，57km 处上游为海浪河入口，89km 处上游为牡丹江市城市污水厂排污口。图 4-42 显示，57km 处浓度突然升高，是由于 6 月下旬海浪河来水水质浓度高于干流来水水质浓度（表 4-29），干流水质浓度升高，随后的时段内，海浪河来水水质浓度逐渐降低，到 63 天时浓度低于干流来水水质浓度，因此，江水经混合后浓度又有所下降（图 4-43、图 4-44）。从支流和排口对干流水质浓度的贡献来看，海浪河、牡丹江市污水处理厂、宁安市政和温春镇生活 4 个排污口（支流）对干流的水质影响较大，其余排污口对干流水质浓度影响较小。

50% 和 25% 来水保证率下干流纵断面 COD_{Cr} 浓度变化趋势与 25% 的变化情况类似，见图 4-49 ～图 4-51 以及图 4-56 ～图 4-58。

图 4-45 ～图 4-47 分别为 75% 来水保证率下 30、60 和 90 天 COD_{Cr} 浓度在城区的分布图。从图中可以明显看出干流来水和海浪河来水水质浓度分布情况。干流来水和海浪河来水混合后，COD_{Cr} 经过一定距离的迁移扩散后在下游附近断面基本达到均匀混合。

表 4-30 为不同来水保证率下各水质监测断面 COD_{Cr} 浓度最低值对比，从表 4-30 可以看出，随着来水量的加大，各水质监测断面 COD_{Cr} 浓度最低值均有所升高，其原因是在浓度边界条件不变的情况下，由于来水量的加大，河道内水流流速也相应加快，污染物到达某断面的时间缩短，在衰减系数相同的情况下，污染物衰减的量就相应减少，污染物最低值就越高。

从整个模拟期来看，COD_{Cr} 浓度变化范围介于 13 ～ 19mg/L，根据《地表水环境质量标准》GB 3838—2002，水质类别属于Ⅱ～Ⅲ类水。

不同来水保证率下各水质监测断面 COD_{Cr} 浓度最低值对比（mg/L） 表 4-30

断面名称	来水保证率		
	75%	50%	25%
温春大桥	14.24	14.30	14.34
海浪	13.87	13.94	14.00
江滨大桥	13.80	13.88	13.96
柴河大桥	13.35	13.44	13.57

4.3.5.2　突发污染事故预测预警情景分析

对牡丹江干流突发污染事故水质过程进行情景模拟。假定某一时间在温春大桥上突然发生化学药品车翻车污染事故，有 20 t 氨氮污染物瞬时排入河道，且很快与河道来水充分混合，分别设定干流和海浪河来水保证率为 75%（偏枯）、50%（正常）、25%（偏丰），初始水深分别为 1.95、2.06 和 2.21m，污染物衰减系数 0.01/d，输出步长为 2h。其模拟结果如下。

（1）75% 保证率下模拟结果

见图 4-62、图 4-63。

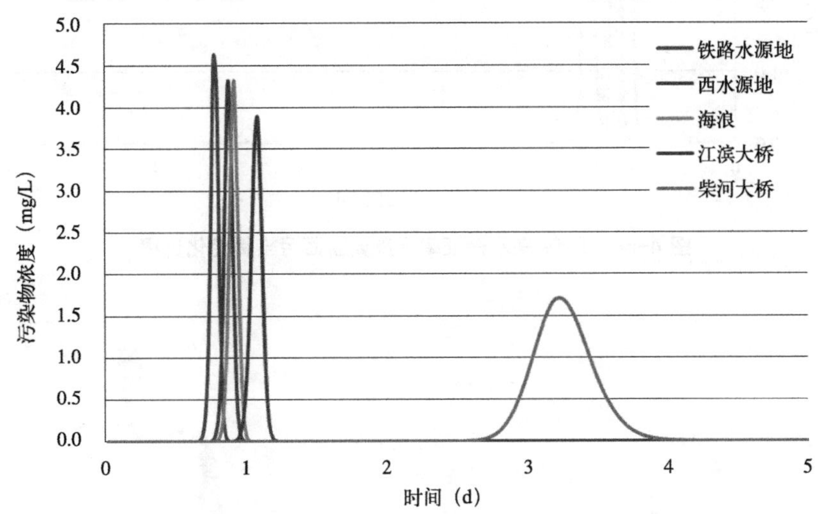

图 4-62　75% 来水保证率下重要断面污染物变化过程

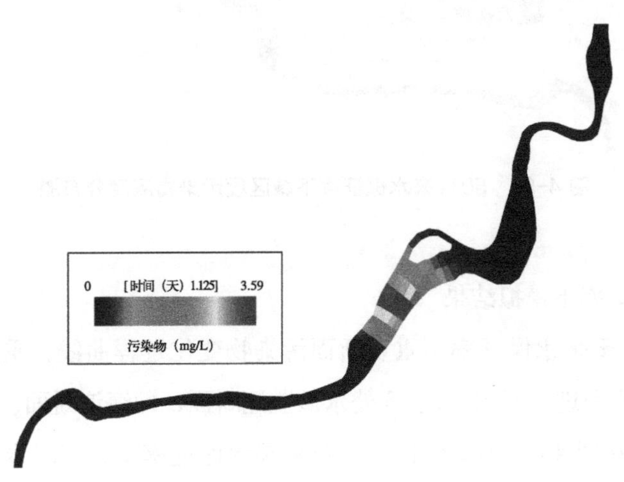

图 4-63　75% 来水保证率下城区段污染物浓度分布图

（2）50% 保证率下模拟结果

见图 4-64、图 4-65。

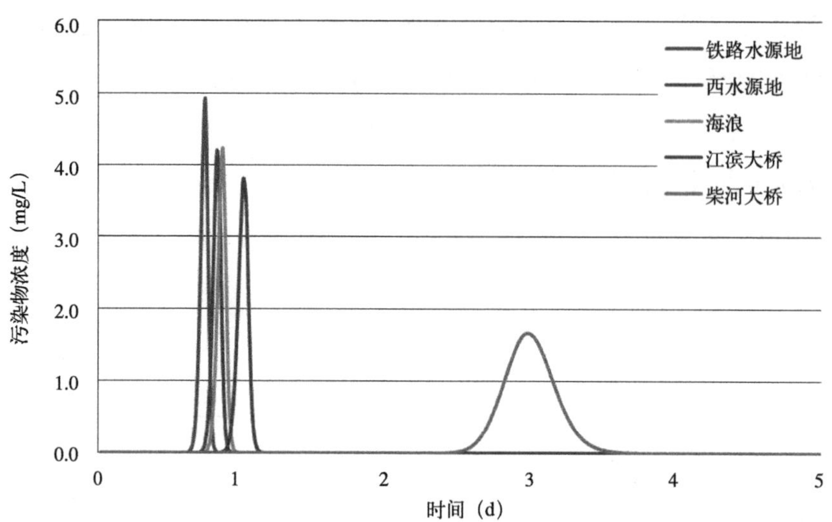

图 4-64　50% 来水保证率下重要断面污染物变化过程

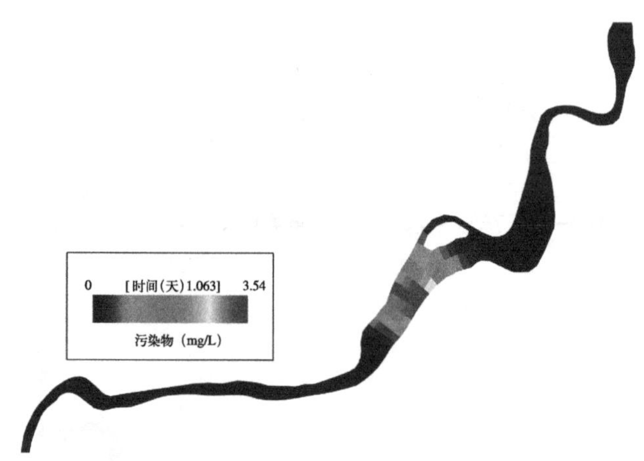

图 4-65　50% 来水保证率下城区段污染物浓度分布图

（3）25% 保证率下模拟结果

图 4-62 为 75% 来水保证率下重要断面污染物变化过程曲线，重要断面包括 2 处水源地，即铁路水源地和西水源地；3 处水质监测断面，即海浪断面、江滨大桥断面和柴河大桥断面。从图 4-62 可以看出，在 75% 来水保证率下，当温春大桥发生化学药品车翻车事故后，大约经过 16h 污染团前锋抵达铁路水源地，18.5h 时断面污染物浓度

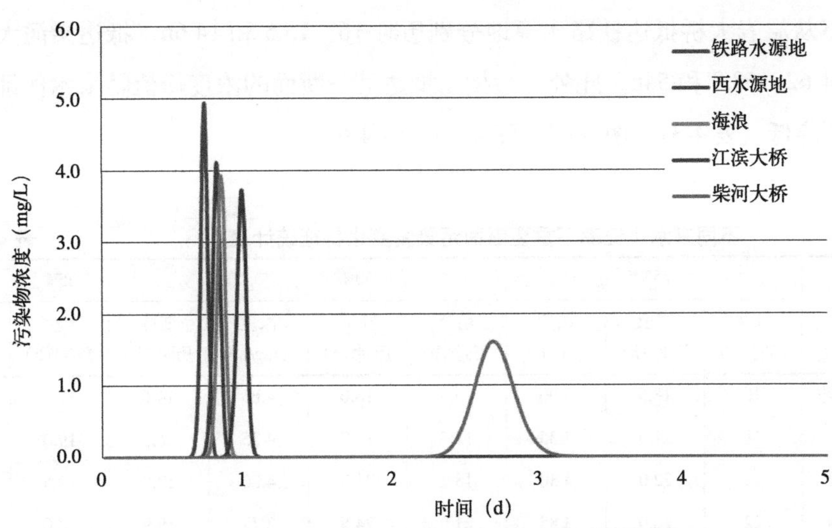

图 4-66　25% 来水保证率下重要断面污染物变化过程

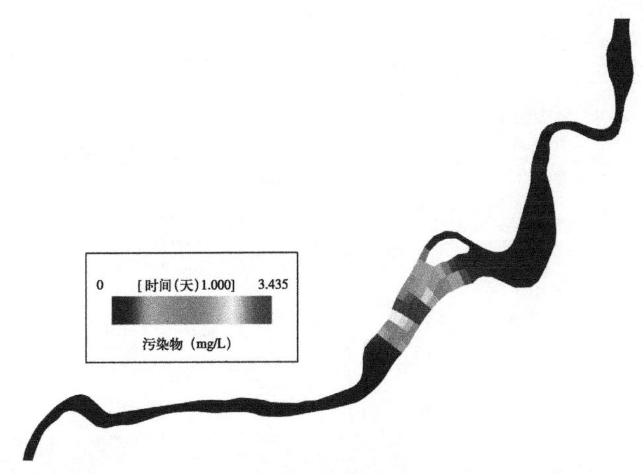

图 4-67　25% 来水保证率下城区段污染物浓度分布图

达到最大，为 4.9mg/L。大约经过 18h 污染团前锋抵达西水源地，21h 时断面污染物浓度达到最大，为 4.35mg/L。大约经过 19h 污染团前锋抵达海浪断面，22h 时断面污染物浓度达到最大，为 4.3mg/L。大约经过 22h 污染团前锋抵达江滨大桥断面，26h 时断面污染物浓度达到最大，为 3.85mg/L。大约经过 62h 污染团前锋抵达柴河大桥断面，76.8h 时断面污染物浓度达到最大，为 1.61mg/L。

50% 和 25% 来水保证率下的污染物迁移扩散过程与 75% 来水保证率过程类似。不同来水保证率下污染物变化特征见表 4-31。从表 4-31 可以看出，随着来水量的增加，即来水保证率的提高，污染团向下游传播速度加快。污染团在 75%、50% 和 25% 来水保证率下从温春大桥抵达铁路水源地分别历时16、15.5和14.6h，抵达柴河大桥断面分别历时62、58.8和54h。此外，污染团抵达某一断面的浓度峰值随来水保证率的提高而有所降低（表4-31、图4-63、图4-65、图4-67）。

不同来水保证率下重要断面污染物变化特征统计表　　表4-31

断面名称	75%			50%			25%		
	前锋历时（h）	峰值历时（h）	浓度（mg/L）	前锋历时（h）	峰值历时（h）	浓度（mg/L）	前锋历时（h）	峰值历时（h）	浓度（mg/L）
铁路水源地	16	18.5	4.90	15.5	18.0	4.85	14.6	17.0	4.80
西水源地	18	21.0	4.35	17.3	19.9	4.25	16.3	19.0	4.10
海浪断面	19	22.0	4.30	18.2	21.0	4.20	17.0	19.5	4.10
江滨大桥	22	26.0	3.85	21.0	24.5	3.77	19.9	23.0	3.75
柴河大桥	62	76.8	1.61	58.8	70.8	1.61	54.0	63.8	1.56

第5章 牡丹江水环境质量保障预警决策支持系统研究

5.1 系统需求

5.1.1 水质数据采集

包括自动和人工两种方式，自动化采集主要针对现有的自动监测设备监测的数据，实现实时自动从监测数据库传输进入系统。人工采集主要根据水体污染特点，对于敏感、易变的水质指标采用现场定时人工输入的方式完成。

5.1.2 水质数据评价

水质评价系统主要实现按月、旬、年或指定时段进行牡丹江流域河（湖、水库）水质评价，根据调查和处理后的信息，运用系统空间分析相关功能，得到有关水环境因子的时空分布，了解各水环境因子的空间分布情况和时间变化情况。

5.1.3 水质趋势分析

通过连续、动态地获取流域监测断面的监测数据，利用空间分析技术和可视化技术，在流域监测断面利用统计图等形式直观地分析断面监测数据和水质评价数据的变化情况。

5.1.4 水质监视预警预报

将水质风险和水质状态予以定量化的关联，建立牡丹江流域水环境质量预警评价的指标方法，制定预警条件，通过计算分析当前的数据是否超过特定值，如果超标则进行预警，预警的方式包括声音、位置闪烁、邮件通知等。

5.1.5 污染溯源分析

当某个监测断面发现水质超标后，根据超标的具体污染因子，结合流域排污口和污染源等数据库信息，可以追溯引起水质超标的污染排污源位置，确定其影响范围，实现污染源的排查，分析其影响区域及敏感区域内的风险对象。

5.1.6 应急水污染模拟

可以通过水动力模型耦合水质模型，对河道和水库的典型水污染进行时空动态模拟。模拟的结果可以通过系统可视化功能在流域地图上进行动态展示。可以根据模拟结果对污染影响范围内的水生物指标和相关理化指标进行分析评价。

5.1.7 统计查询

可以方便地实现牡丹江流域各类历史存档环境数据和分析衍生数据的空间查询与分析。可以实现多种方式的查询，比如属性到图的查询、图到属性的查询。所查结果能够在流域电子地图上高亮显示，可以根据查询的结果实现各种不同风格的统计图展示。

5.1.8 数据库管理

数据库系统包括流域基础信息数据库，水质水位历史存档数据库，风险源及排污口数据库，相关业务数据库等。数据库系统提供对数据的管理和数据读写接口，方便其他子系统对数据的调用。

5.1.9 智能报表

提供“自动化”智能报表输出功能，报表图文并茂，包括季度报表、年度报表等。专题地图要求基本要素齐全，人工干预少，制图效果美观，以提高水环境应急状态下的报表生成能力。

5.1.10 三维展示

提供牡丹江流域地形、卫星影像、监测站点等三维展示平台。支持水质三维预警展示功能。当监测断面超标后，以三维闪烁符号显示超标断面；对于应急水污染模拟，将模型计算后的污染扩散过程以动画方式呈现给用户，让管理人员更加直观地了解整个污染过程。

5.2 系统框架设计

牡丹江水环境质量保障预警决策支持系统采用 C/S 模式构建，具体架构设计如图 5-1 所示。

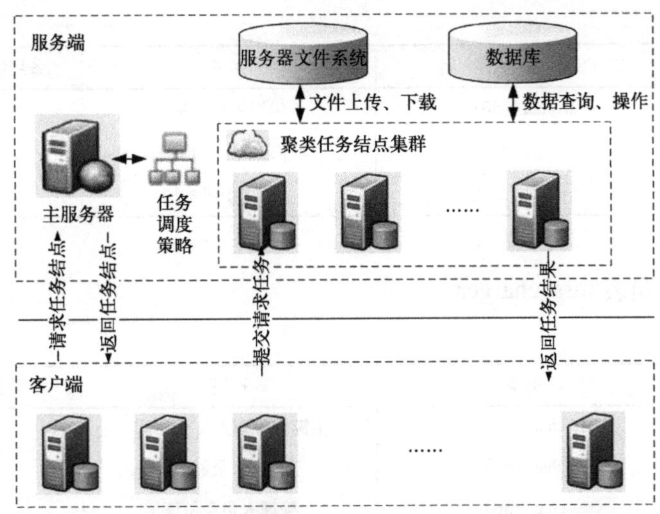

图 5-1　牡丹江水环境质量保障预警决策支持系统系统框架设计图

服务器端由主服务器、任务节点集群、数据库和服务器文件系统几部分组成。主服务器负责完成任务调度，即通过任务调度机制，选择处理能力最强、相对空闲的任务节点反馈给客户机。

任务节点集群由一至多个任务处理节点组成。任务处理节点负责完成客户机提交的任务请求，包括数据查询、数据操作、文件管理等任务。任务节点定时向主服务器发送当前处理能力信息，以实现主服务器的负载均衡调度。

在服务器端，部署数据库和服务器文件系统。数据库存储牡丹江流域水环境综合数据库。该数据库负责执行任务节点的数据查询和数据操作任务；服务器文件系统存储水环境管理相关文档。以任务节点为中间件，完成服务器与客户端之间的文档传输。

客户机部署业务人员使用牡丹江水环境质量保障预警决策支持系统。该系统实现水环境质量评估、污染预警与信息发布等主要功能。

5.3　数据库表设计

（1）流域结构表 mss_waterline

字段名	类型	描述	备用键	允许空
ID	guid	主键，组织机构唯一标识符		

续表

字段名	类型	描述	备用键	允许空
Name	nvchar（50）	组织机构名称	✓	
Parent	guid	上级机构 ID，NULL 表示根	✓	✓
Parents	nvchar（500）	上级组织机构树		✓

（2）管理人员表 mss_charger

字段名	类型	描述	备用键	允许空
ID	char（18）	主键，管理人员唯一 ID		
Name	char（50）	管理人员姓名		
IID	char（36）	管理人员身份证		
Sex	char（2）	管理人员性别		
Phone	char（15）	管理人员电话		
email	nvarchar（50）	管理人员 E-mail		✓
Pic	varbinary（MAX）	管理员照片		

（3）系统中的枚举 mss_code_dic

字段名	类型	描述	备用键	允许空
CO	int	主键，自动增量		
CN	int	序号		
Code_CHI_Name	nvchar（20）	枚举名		
Code_Data_Type	nvchar（03）	枚举类型		
Code_Type_CHI_Name	nvchar（20）	枚举类型名		
Code_DISCN	int	枚举值		

（4）系统登录用户 mss_admin

字段名	类型	描述	备用键	允许空
ID	uniqueidentifier	主键，登录用户唯一 ID		
Name	nchar（50）	登录人员真实姓名		
UserName	nchar（50）	登录名，数据库中不允许重复		
AdminRegion	nchar（36）	管理流域		✓
Password	nchar（50）	使用 MD5 加密		
Role	nchar（2）	用户角色，枚举		

5.3.1　水质监测数据

（1）水质监测断面信息表 mss_profile

字段名	类型	描述	备用键	允许空
ID	char（5）	主键，水质监测断面唯一 ID		
Name	nvarchar（50）	水质监测断面名称		
AName	nvarchar（50）	水质监测断面别名		√
ptype	nvarchar（2）	断面性质		√
Lon	numeric（8，3）	水质监测断面经度		√
Lat	numeric（8，3）	水质监测断面纬度		
waterline	char（36）	所属流域		
meaning	nchar（50）	断面含义		√
ftype	char（1）	水功能区类别		√
address	nchar（255）	地址		√
desp	nvarchar（2000）	水质监测断面描述		√

（2）水质监测指标：mss_item

字段名	类型	描述	备用键	允许空
ID	smallint	主键，水质监测指标 ID		
PNAME	nchar（20）	水质监测指标名称		
ENAME	nchar（20）	水质监测指标别名		
unit	nchar（10）	计量单位		
V1	numeric（15，5）	监测标准值 1		
V2	numeric（15，5）	监测标准值 2		√
V3	numeric（15，5）	监测标准值 3		√
V4	numeric（15，5）	监测标准值 4		√
V5	numeric（15，5）	监测标准值 5		√
state	char（1）	监测指标所属类型		
ptype	char（1）	监测项目类型，枚举		

（3）水质监测断面数据：mss_profile_ddata

字段名	类型	描述	备用键	允许空
ID	uniqueidentifier	主键，断面数据唯一 ID		

续表

字段名	类型	描述	备用键	允许空
SID	char（5）	所属断面 ID		
DTime	date	监测时间		
D_0	numeric（15，5）	监测指标 D_0		√
D_1	numeric（15，5）	监测指标 D_1		√
D_2	numeric（15，5）	监测指标 D_2		√
D_3	numeric（15，5）	监测指标 D_3		√

（4）水质监测断面监测指标分配表 mss_profile_assign

字段名	类型	描述	备用键	允许空
ID	uniqueidentifier	主键，水质监测断面的唯一 ID		
SID	char（5）	监测断面 ID		
DID	smallint	断面数据 ID		

（5）水文监测断面信息表 mss_hydro

字段名	类型	描述	备用键	允许空
ID	guid	主键，水文监测断面唯一 ID		
Name	nvchar（50）	水文监测断面名称	√	
Lon	numeric（8，3）	水文监测断面经度		
Lat	numeric（8，3）	水文监测断面纬度		
Num	int	监测断面编号	√	
riverlake	guid	所属河流或湖泊，外码		
desp	nvchar（2000）	水文监测断面描述		√

（6）水文监测断面数据：mss_hydro_ddata

字段名	类型	描述	备用键	允许空
ID	uniqueidentifier	主键，唯一 ID		
hid	char（3）	水文监测站 ID		
hdate	date	监测时间		
z	numeric（7，3）	水位		√
q	numeric（9，3）	流量		√
xsa	numeric（9，3）	断面过水面积		√

续表

字段名	类型	描述	备用键	允许空
xsavv	numeric（5，3）	断面平均流速		✓
xsmxv	numeric（5，3）	断面最大流速		✓
flowcharcd	char（1）	河水特征码		✓
wptn	char（1）	水势		✓
msqmt	char（1）	测流方法		✓
msamt	char（1）	测积方法		✓
msvmt	char（1）	测速方法		✓

（7）排污口基本信息表 mss_drainout

字段名	类型	描述	备用键	允许空
ID	char（5）	排污口编号		
Name	nvarchar（50）	站名		
Lon	numeric（8，3）	排污口经度		
Lat	numeric（8，3）	排污口纬度		
waterline	char（36）	所属流域		
meaning	nchar（50）	断面含义		✓
ftype	char（1）	预警等级		✓
address	nchar（255）	排污口地址		✓
desp	nvarchar（2000）	排污口描述		✓

（8）排污口水质监测天数据表 mss_drainout_ddata

字段名	类型	描述	备用键	允许空
ID	uniqueidentifier	主键，排污口水质监测天数据唯一 ID		
SID	char（5）	所属排污口 ID		
DTime	date	监测时间		
D_1	numeric（15，5）	监测指标 D_1 数据		✓
D_2	numeric（15，5）	监测指标 D_2 数据		✓
D_3	numeric（15，5）	监测指标 D_3 数据		✓
D_4	numeric（15，5）	监测指标 D_4 数据		✓
D_5	numeric（15，5）	监测指标 D_5 数据		✓

（9）排污口水质监测指标分配表 mss_drainout_assign

字段名	类型	描述	备用键	允许空
ID	uniqueidentifier	主键，唯一 ID		
SID	char（5）	所属		
DID	smallint	监测指标 ID		

（10）排污口水文数据表 mss_drainout_hydro

字段名	类型	描述	备用键	允许空
ID	uniqueidentifier	主键，唯一 ID		
SID	char（5）	所属排污口 ID		
DTime	datetime	监测时间		
Flow	numeric（15，5）	流量		✓

（11）取水口基本信息表 mss_intake

字段名	类型	描述	备用键	允许空
ID	char（5）	取水口 ID		
Name	nvarchar（50）	取水口名称		
Lon	numeric（8，3）	经度		
Lat	numeric（8，3）	纬度		
waterline	char（36）	所属流域		
meaning	char（50）	断面含义		✓
ftype	char（1）	预警等级		✓
address	nchar（255）	地址		✓
desp	nvarchar（2000）	描述		✓

（12）水闸基本信息表 mss_sluice

字段名	类型	描述	备用键	允许空
ID	char（5）	主键、水闸 ID		
Name	nvarchar（50）	名称		
FullFlow	numeric（9，3）	最大流量		✓

续表

字段名	类型	描述	备用键	允许空
waterline	char（36）	所属流域		✓
Lon	numeric（8，3）	经度		✓
Lat	numeric（8，3）	纬度		✓

（13）水库水情表 mss_lake_ddata

字段名	类型	描述	备用键	允许空
ID	uniqueidentifier	主键、ID		
SID	char（5）	水库 ID，外码		
DTime	date	监测时间		
rz	numeric（15，5）	库水位		✓
inq	numeric（15，5）	入库流量		✓
w	numeric（15，5）	蓄水量		✓
otq	numeric（15，5）	出库流量		✓
rwcharcd	numeric（15，5）	库水特征码		✓
tepth	numeric（15，5）	库水水势		✓
inqdr	numeric（15，5）	入流时段长		✓
msqmt	numeric（15，5）	测流方法		✓

（14）水生生物监测站点结构表 yss_mprofile

字段名	类型	描述	备用键	允许空
ID	Char(5)	监测站编号		
Name	nvarchar(50)	监测站名称		
AName	nvarchar(50)	监测断面名称		✓
Ptype	nvarchar(2)	断面性质		✓
Lon	numeric(8，3)	监测站经度		
Lat	numeric(8，3)	监测站纬度		
Waterline	char(36)	监测站所在水功能区		
Meaning	nchar(50)	断面含义		✓
Ftype	char(1)	水功能区类别		
Address	nchar(255)	水生生物监测站地址		
desp	nvarchar(2000)	水生生物监测站描述		✓

（15）水生生物详细监测数据表 yss_microbe_ddata

字段名	类型	描述	备用键	允许空
ID	uniqueidentifier	监测站唯一码		
SID	nchar(5)	监测站码		
DTime	datetime	监测时间		
M_1	numeric(15，5)	水生生物 1		✓
M_2	numeric(15，5)	水生生物 2		✓
M_3	numeric(15，5)	水生生物 3		✓
M_4	numeric(15，5)	水生生物 4		✓

（16）水生生物分类表 yss_microbe

字段名	类型	描述	备用键	允许空
microbe_ID	int	水生生物 ID 号		
microbe_phylum	nvarchar(50)	水生生物门		✓
microbe_class	nvarchar(50)	水生生物纲		✓
microbe_order	nvarchar(50)	水生生物目		✓
microbe_family	nvarchar(50)	水生生物科		✓
microbe_genus	nvarchar(50)	水生生物属		✓
microbe_species	nvarchar(50)	水生生物中文名		✓
microbe_latin	nvarchar(100)	水生生物拉丁文		✓
microbe_type	Char(10)	水生生物类别		✓

5.3.2 排污企业数据

排污企业基本信息表 mss_enterp。

字段名	类型	描述	备用键	允许空
ID	char（5）	主键，企业 ID		
Name	char（50）	企业名称		✓
coorp	char（50）	法定代表人		
coorp_code	char（20）	单位法人代码		
limber	char（1）	排污类型，枚举		
desp.	nvarchar（2000）	企业简介		
Lon	numeric（8，3）	企业经度		
Lat	numeric（8，3）	企业纬度		
Address	nvarchar（200）	通信地址		

续表

字段名	类型	描述	备用键	允许空
People	nchar（50）	联系人		
Phone	char（15）	联系电话		
email	nvarchar（50）	电子邮件		✓
risk_level	char（1）	风险等级		
risk_Zone	nvarchar（200）	敏感区域		
LinkInfo	nvarchar（200）	应急联络信息		
outlet	char（50）	所属排污口		
codnh3l	real	COD/NH_3 比值下限		✓
codnh3u	real	COD/NH_3 比值上限		✓

5.3.3 水功能区

字段名	类型	描述	备用键	允许空
ID	Char（5）	主键，冰情唯一 ID		
Name	nvarchar（50）	测站 ID，外码		
waterline	char（36）	监测时间		
ftype	char（1）	气温		✓
len	real	水温		✓
area	real	面积		
fromlon	numeric（8，3）	起始断面经度		
fromlat	numeric（8，3）	起始断面纬度		
tolon	numeric（8，3）	终止断面经度		
tolat	numeric（8，3）	终止断面纬度		

5.4 功能设计

牡丹江水环境质量保障预警决策支持系统客户端为系统的主要部分，是面向用户的应用系统。目前，已经根据牡丹江水环境质量保障预警决策支持系统设计的要求开发了客户端功能，功能模块列表见表 5-1。

牡丹江水环境质量保障预警决策支持系统客户端主要功能　　表 5-1

模块名称	主要功能
水质数据采集	水质监测基础设施编辑与输入 水质监测数据导入
水质监测预警预报	水质监测断面超标分析

续表

模块名称	主要功能
污染溯源分析	根据超标污染因子实现污染源的排查
污染事故模拟	模拟基础网格；水质模拟方案管理； 水质模拟
统计查询	水质监测断面信息查询；地表水质量标准查询； 水质数据查询；水文数据查询
数据库管理	数据库还原与备份
智能报表	水质公报“自动化”智能报表输出
系统管理	登录用户管理；负责人管理；系统帮助
三维展示	水质污染三维展示

5.4.1 客户端系统界面设计

图5-2为客户端系统的界面设计。系统界面由菜单、任务列表、任务文档等几部分构成。为简化系统结构，系统菜单与任务列表使用相同的列表结构。任务列表和任务文档之间为驱动和被驱动关系；用户点击任务列表中的一个子任务，在主窗口中增加一个处理该任务的子文档，从而构成多文档的系统结构。

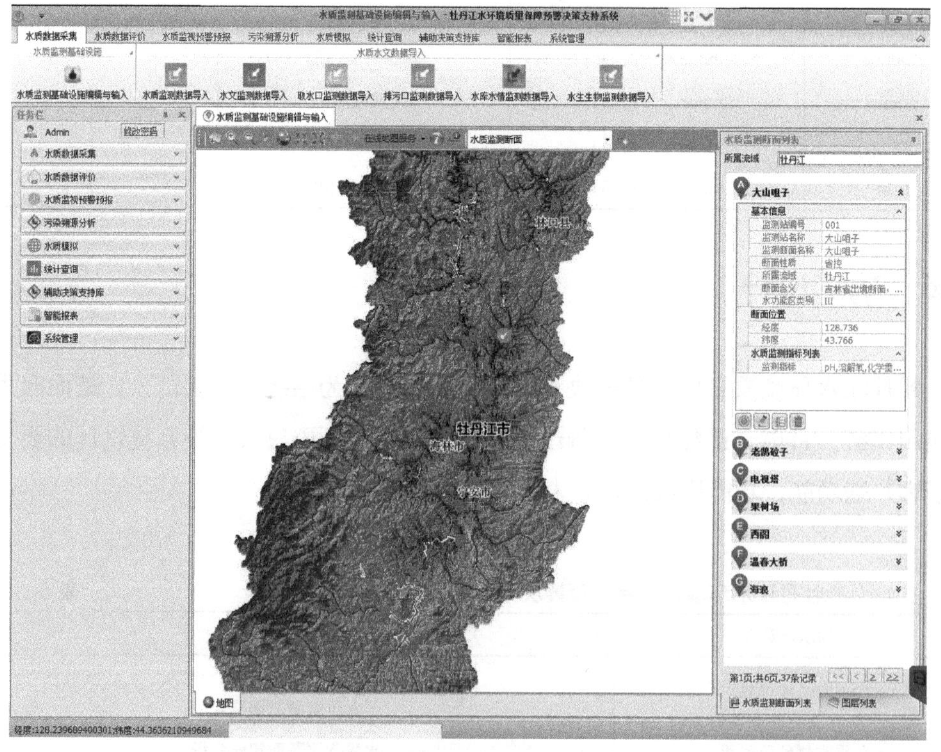

图5-2 客户端系统界面

5.4.2 水质数据采集

水质数据采集功能主要负责监测站、水质数据、水生生物数据、水文数据的录入和编辑功能。具体由水质监测基础设施的录入与编辑、水质水文监测数据导入两部分组成。

5.4.2.1 水质监测基础设施编辑与输入

系统中的水质监测基础设施主要指水质监测断面、水生生物监测断面、水文监测断面、排污口、取水口、水闸和水功能区等。在这些基础设施中，除水功能区为线状要素外，其余均为点状要素。

图 5-3 为水质监测基础设施编辑与输入的功能界面。该界面按照一般的地图窗口设计模式设计，即由工具栏、地图窗口、基础设施列表几部分组成。工具栏中，可实现地图的浏览、添加或移除在线地图服务、切换基础设施显示的设施类型等操作。

基础设施的编辑录入采用人性化方式设计。在地图页面中，以突出的点状要素符号或线状要素符号显示设施，并在右侧的基础设施列表中分页罗列各基础设施。为使用户快速获取、编辑指定的基础设施，分类显示不同的基础设施，在同一时刻，用户只能在基础设施列表中查看一种类型的基础设施，如水质监测站、水文监测站等。

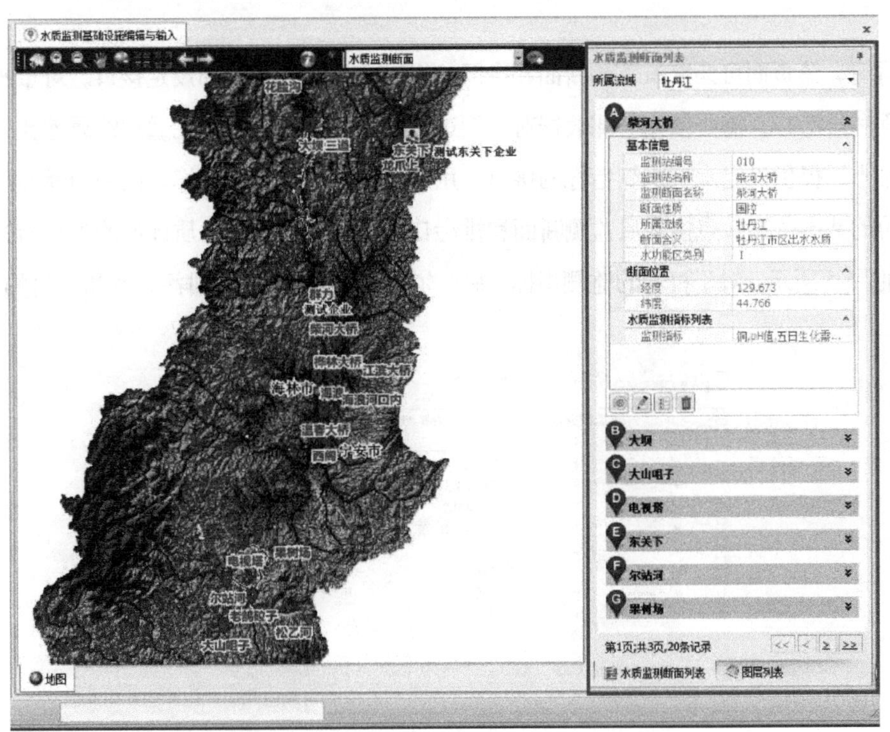

图 5-3　水质监测基础设施编辑与输入页面

对水质监测站、水生生物监测站、水文监测站等基础设施的编辑功能主要通过右侧各设施属性列表下侧的按钮实现。如图 5-3 所示，◉按钮用于定位监测断面，✎按钮用于编辑断面信息，☷按钮用于设置该断面监测指标，🗑按钮用于删除断面。图 5-4 为水质监测断面编辑页面。

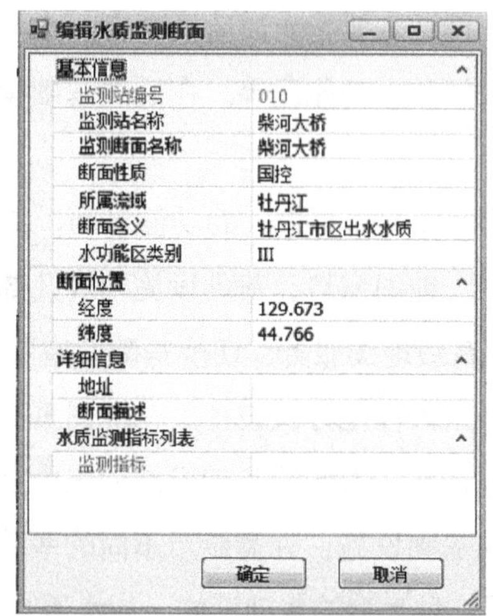

图 5-4　水质监测断面编辑页面

同时，该页面可为水质监测断面和排污口提供水质监测指标的设定接口。对于水质监测断面和排污口，需要依据监测数据对断面进行水质评价，因此，在通用的属性数据编辑的基础上，提供设定水质监测指标的接口。用户选定的水质监测指标，被用为断面水质等级评价的基本依据。点击水质监测断面和排污口的按钮后，弹出水质评价的参与指标对话框，如图 5-5 所示。对于打勾的监测指标，将作为该水质监测断面和排污口水质评价的依据。

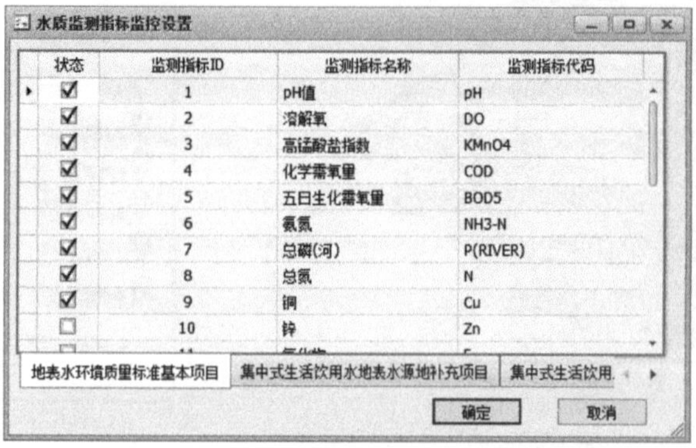

水质监测指标监控设置

状态	监测指标ID	监测指标名称	监测指标代码
☑	1	pH值	pH
☑	2	溶解氧	DO
☑	3	高锰酸盐指数	KMnO4
☑	4	化学需氧量	COD
☑	5	五日生化需氧量	BOD5
☑	6	氨氮	NH3-N
☑	7	总磷(河)	P(RIVER)
☑	8	总氮	N
☑	9	铜	Cu
☐	10	锌	Zn

地表水环境质量标准基本项目　集中式生活饮用水地表水源地补充项目　集中式生活饮用...

确定　取消

图 5-5　水质监测断面参评指标设定页面

系统中，在线地图服务允许用户通过互联网获取天地图免费的地图服务。通过工具栏中的在线地图服务下拉框，用户可以切换是否显示在线地图或显示何种在线地图。图 5-6 为水环境基础地图与在线地图融合显示示意。

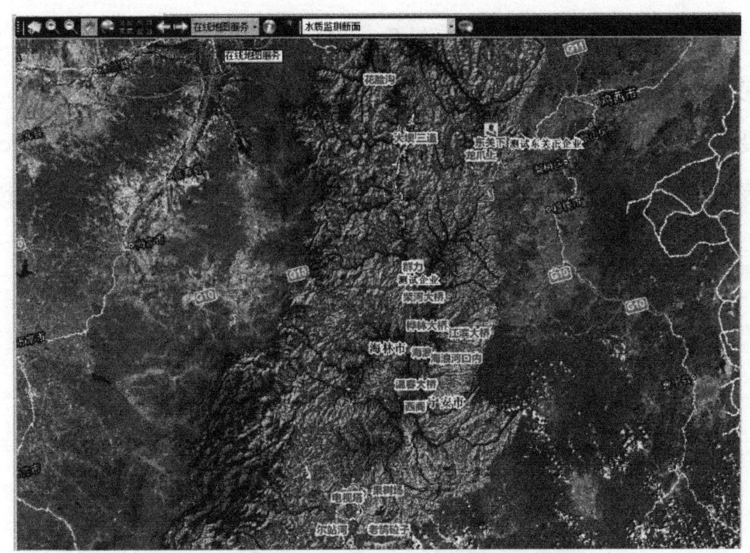

图 5-6 水环境基础地图与在线地图融合

5.4.2.2 水质水文监测数据导入

水质水文监测数据录入以 Excel 为数据源对象，将待录入数据项与 Excel 字段人为关联，自动读取 Excel 每一行数据到数据库中。水质水文监测数据导入将系统中水质水文数据分类管理，设置不同的功能，主要的导入功能见表 5-2。

水质监测数据导入功能列表 表 5-2

栏目	功能
水质监测数据导入	水质监测监测日数据导入 水质监测监测小时数据导入 水生生物监测监测月数据导入
取水口监测数据导入	水文监测监测日数据导入 水文监测监测小时数据导入
排污口监测数据导入	水质监测监测日数据导入 水质监测监测小时数据导入 水文监测监测日数据导入 水文监测监测小时数据导入

续表

栏目	功能
水库水情监测数据导入	水库水情日数据
	水库水情小时数据

水质水文数据导入对导入逻辑进行抽象，采用统一规范化设计。这里，以水质监测日数据导入功能为例，描述数据导入过程。通过选择 Excel 工作簿和工作表，进入数据库与 Excel 字段匹配页面。为提高数据导入效率，引入自动关联机制，即当 Excel 字段和待导入字段名称一致时，则自动绑定。图 5-7 为水质监测预警数据库与 Excel 字段匹配页面。

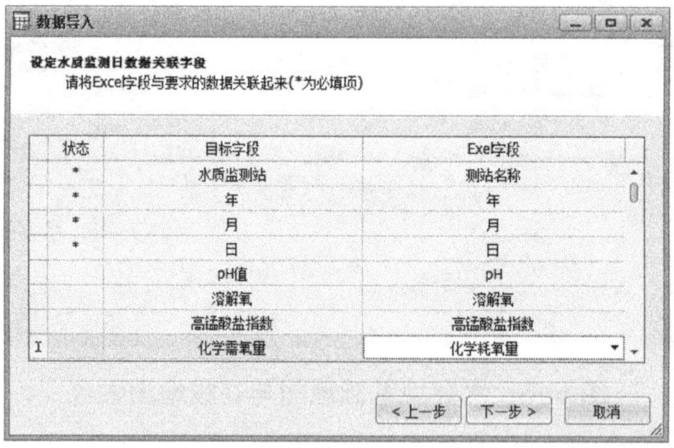

图 5-7　水质监测预警数据库与 Excel 字段匹配页面

由于 Excel 数据可能存在一定的错误，或与数据库希望的数据格式不一致，不能直接导入。在接下来的数据导入列表窗口中不仅显示了即将导入的数据列表，还在下侧罗列存在的错误和警告。用户在修正所有错误后，才允许向数据库导入数据。数据导入列表窗口如图 5-8 所示。

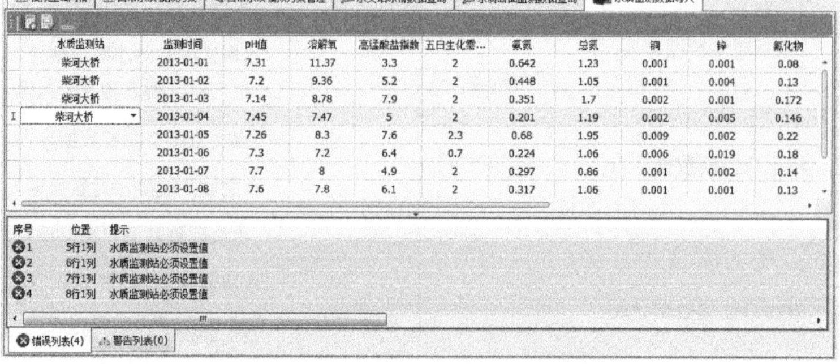

图 5-8　水质日数据导入列表窗口

在图 5-8 所示窗口的工具栏中，按钮可手动添加一条监测数据记录，点击按钮，可对须上传的数据进行验证。选中一行或多行记录按“delete”键，即可删除选中记录。

5.4.3　水质数据评价

水质数据评价按照功能分为断面水质评价和流域水质评价。断面水质评价是监测断面的水质评价；流域评价则是对流域内所有断面综合评价，判断流域的水质状况。

系统中，断面水质评价和流域水质评价均按国家水质评价标准进行。这里，首先给出系统中使用的水质评价方法。

5.4.3.1　水质评价方法

（1）断面水质评价

河流断面水质类别评价采用单因子评价法，即根据评价时段内该断面参评的指标中类别最高的一项来确定。描述断面的水质类别时，使用“符合”或“劣于”等词语。断面水质类别与水质定性评价分级的对应关系见表 5-3。

断面水质定性评价　　表 5-3

水质类别	水质状况	表征颜色	水质功能类别
Ⅰ～Ⅱ类水质	优	蓝色	饮用水源地一级保护区、珍稀水生生物栖息地、鱼虾类产卵场、仔稚幼鱼的索饵场等
Ⅲ类水质	良好	绿色	饮用水源地二级保护区、鱼虾类越冬场、洄游通道、水产养殖区、游泳区
Ⅳ类水质	轻度污染	黄色	一般工业用水和人体非直接接触的娱乐用水
Ⅴ类水质	中度污染	橙色	农业用水及一般景观用水
劣Ⅴ类水质	重度污染	红色	除调节局部气候外，使用功能较差

（2）河流、流域（水系）水质评价

河流、流域（水系）水质评价即为，当河流、流域（水系）的断面总数少于 5 个时，计算河流、流域（水系）所有断面各评价指标浓度算术平均值，然后按照断面水质评价方法评价，并按表 5-4 指出每个断面的水质类别和水质状况。

当河流、流域(水系)的断面总数在 5 个(含 5 个)以下时，采用断面水质类别比例法，即根据评价河流、流域（水系）中各水质类别的断面数占河流、流域（水系）所有评价断面总数的百分比来评价其水质状况。河流、流域(水系)的断面总数在 5 个(含 5 个)以上时不作平均水质类别的评价。

河流、流域（水系）水质类别比例与水质定性评价分级的对应关系见表 5-4。

河流、流域（水系）水质定性评价分级　　表 5-4

水质类别比例	水质状况	表征颜色
Ⅰ ~ Ⅲ类水质比例≥ 90%	优	蓝色
75% ≤Ⅰ ~ Ⅲ类水质比例< 90%	良好	绿色
Ⅰ ~ Ⅲ类水质比例< 75%，且劣Ⅴ类比例< 20%	轻度污染	黄色
Ⅰ ~ Ⅲ类水质比例< 75%，且 20% ≤劣Ⅴ类比例< 40%	中度污染	橙色
Ⅰ ~ Ⅲ类水质比例< 60%，且劣Ⅴ类比例≥ 40%	重度污染	红色

（3）主要污染物的确定

对于断面主要污染指标，在评价时段内，断面水质为“优”或“良好”时，不评价主要污染指标。断面水质超过Ⅲ类标准时，先按照不同指标对应水质类别的优劣，选择水质类别最差的前 3 项指标作为主要污染指标。当不同指标对应的水质类别相同时计算超标倍数，将超标指标按其超标倍数大小排列，取超标倍数最大的前 3 项为主要污染指标。当氰化物或铅、铬等重金属超标时，优先作为主要污染指标。

确定了主要污染指标的同时，应在指标后标注该指标浓度超过Ⅲ类水质标准的倍数，即超标倍数，如“高锰酸盐指数（1.2）”。对于水温、pH 和溶解氧等项目不计算超标倍数。

5.4.3.2　水质评价功能设计与实现

鉴于水质评价的两种不同类型，这里仍然以断面水质评价和流域水质评价分别阐述。

（1）断面水质评价

断面水质评价以各水质监测站参评因子为依据，对于 5 类水质的评价指标，计算水质等级，记录超过规定水质等级的评价指标；对于阈值型评价指标，超过阈值则记录该评价指标。计算不合格评价指标的超标倍数，按从大到小依次排列，作为最终水质评价的依据。

图 5-9 为水质监测断面评价界面。该页面中，用户可以按近 12h、近 6h、天、周、旬、月、年等时间间隔方式评价水质。其中，近 12h、近 6h、天的时间间隔方式读取水质小时数据表；其余的则读取水质日数据表。根据时间段内的均值评价监测断面。

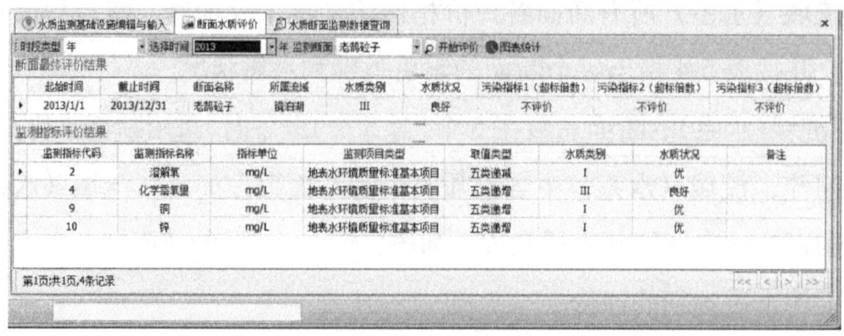

图 5-9　断面水质评价界面

断面水质评价不仅可以以表格方式展现，还能按照直方图、统计图等方式展现。图 5-10 为断面水质评价图，图 5-10 中，以直方图的方式展现了监测断面各评价指标的评价等级。

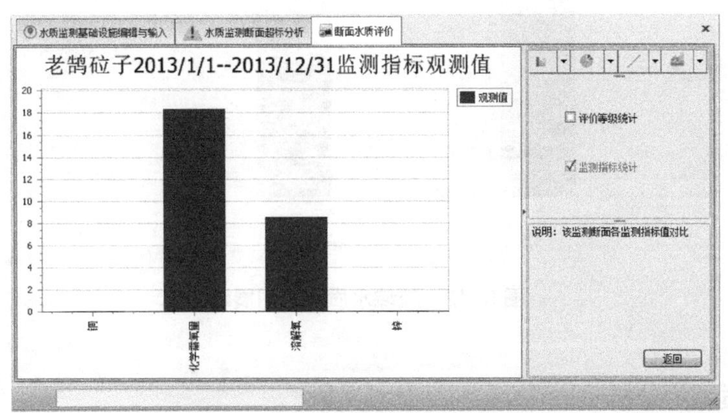

图 5-10　断面水质评价图展示

(2) 河流、流域（水系）水质评价

河流、流域（水系）水质评价类似于断面评价。区别在于这里以流域为评价对象，利用流域内所有监测断面来评价。图 5-11 为流域水质评价界面，该界面中，可按天、周、旬、月、年等时间间隔方式对指定流域进行评价。评价结果在上侧的“流域最终评价结果”中列出；在下侧表格中，则展示流域内各断面的评价结果。

水质监测基础设施编辑与输入　断面水质评价　流域水质趋势分析　流域水质评价

时段类型 季度　选择时间 2013 年 第一季度　选择流域 牡丹江　开始评价　图表统计

流域最终评价结果

起始时间	截止时间	流域名称	水质类别	水质状况	污染指标1（断面超标率）	污染指标2（断面超标率）	污染指标3（断面超标率）
2013/1/1	2013/3/31	牡丹江	Ⅳ	轻度污染	总氮(1)	溶解氧(0)	化学需氧量(0)

监测断面评价结果

断面编号	断面名称	所属流域	水质类别	水质状况	断面详细评价指标
777	测试1	牡丹江	Ⅳ	轻度污染	
772	测试2	牡丹江	欠测	欠测	
010	柴河大桥	牡丹江	Ⅰ	优	
013	大坝	牡丹江	欠测	欠测	
001	大山咀子	牡丹江	欠测	欠测	
003	电视塔	牡丹江	欠测	欠测	
019	东关下	牡丹江	欠测	欠测	
016	尔站河	牡丹江	欠测	欠测	
004	果树场	牡丹江	欠测	欠测	
007	海浪	牡丹江	欠测	欠测	
020	海浪河口内	牡丹江	欠测	欠测	
014	花脸沟	牡丹江	欠测	欠测	
009	桦林大桥	牡丹江	欠测	欠测	
008	江滨大桥	牡丹江	欠测	欠测	
002	老鹄砬子	牡丹江	Ⅰ	优	
018	龙爪上	牡丹江	欠测	欠测	

第1页,共2页,22条记录

图 5-11　流域水质评价界面

和断面监测功能类似，流域水质评价也提供了图表统计方式，图 5-12 为流域水质评价图，以直方图方式显示了各断面某监测指标的观测结果对比。

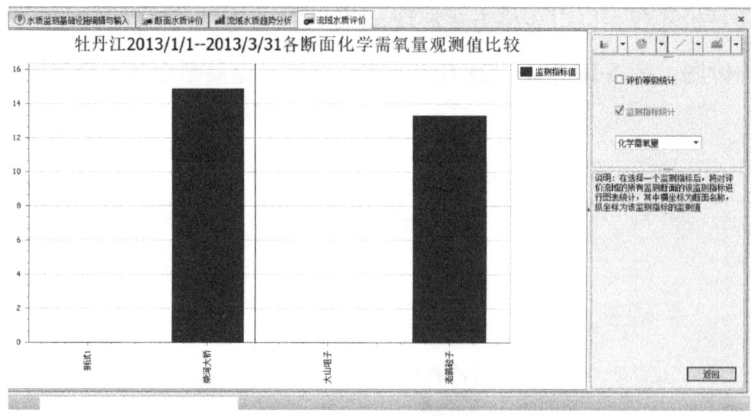

图 5-12　流域水质评价图展示

5.4.4　水质趋势分析

水质趋势分析分为断面水质趋势分析和流域水质趋势分析。它将评价时段按一定标准等分为一定数量的子区间，各子区间分别评价水质状况，然后以时间轴的方式展现水质的时间变换状况。在一个子区间所在的时间段内，评价方法和前面的断面水质评价、流域水质评价相同。这里，分别对断面水质趋势分析和流域水质趋势分析进行阐述。

5.4.4.1　断面水质趋势分析

断面水质趋势分析的研究对象为一个监测断面，按日、周、旬、月、季度、年等间隔方式评价。图 5-13 为断面水质趋势分析页面，该页面中，用户可以设定评价时间

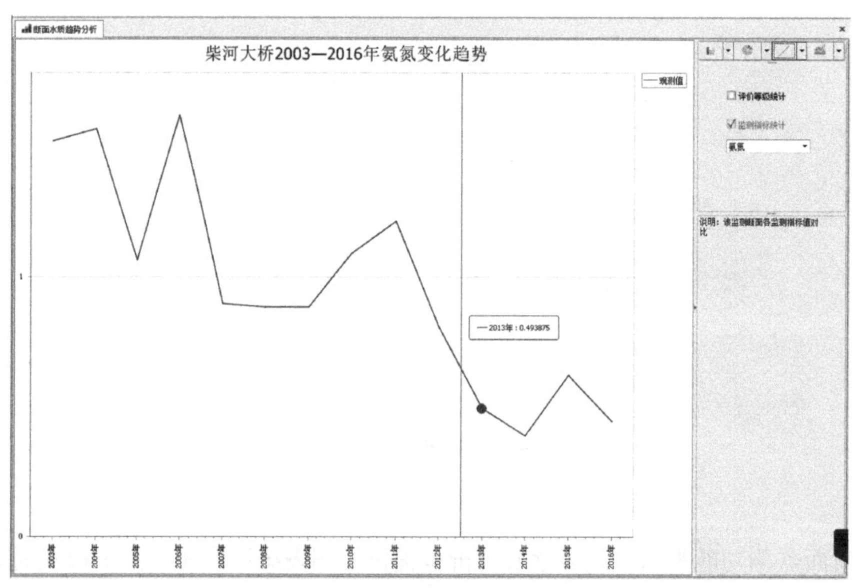

图 5-13　断面水质趋势分析页面

间隔方式、评价时间段、监测断面等。评价结果以表格方式对各时间段的水质状况分别描述。

图 5-14 为断面水质趋势分析的统计图。它以饼图方式展现了各时间段的水质状况。

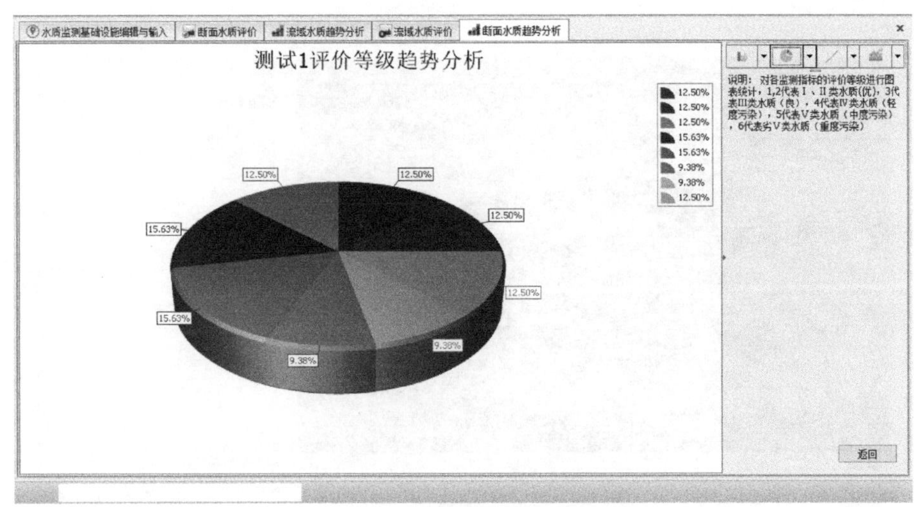

图 5-14　水质趋势分析统计图

5.4.4.2　*流域水质趋势分析*

流域水质趋势分析类似于断面水质趋势分析，区别在于这里以流域为研究对象，按时间段分析整个流域的水质变化趋势。这里不再赘述。

5.4.5　水质监测预警预报

水质监测预警预报提供了两种预警预报方法，即水功能区水质预警和等级目标预警。水功能区水质预警按照断面设定的水质等级预警，等级目标预警是设定全局水质等级的预警。在水功能区水质预警中，水质等级超过了水功能水质目标或等级目标预警中任一断面超过了全局水质等级均被认为是超标断面。超标断面以列表方式给出，并支持邮件方式通知相关负责人。

执行系统中“水质监视预警预报”功能后，页面如图 5-15 所示。图 5-15 中，用户可以设置分析时段、评价流域、预警方法。通过点击“开始评价”则对目标断面评价，并列出超标断面；点击“图表统计”则将评价结果以图表方式显示；点击“实时预警”则切换至图 5-16 所示的页面中；对于每一个超标断面，右侧的断面详细评价指标点击后列出超标的监测指标详情。

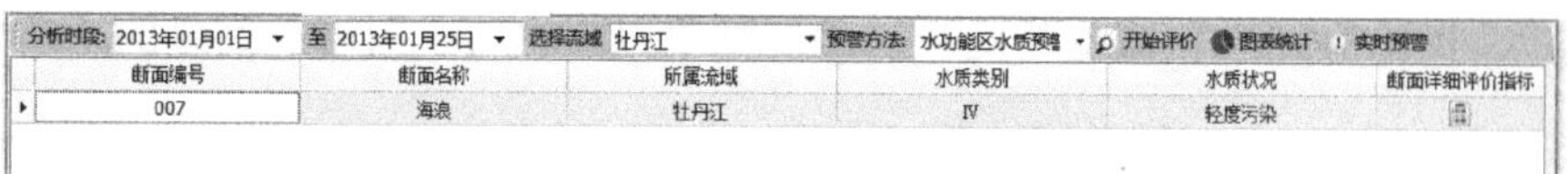

图 5-15　水质监视预警预报页面

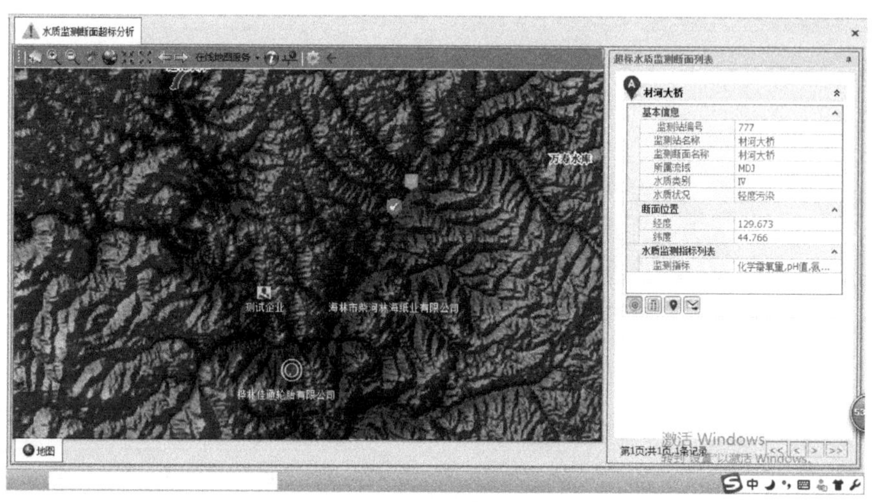

图 5-16　实时预警页面

图 5-16 中，超标断面以分页、分项方式展示。对于列表显示的每一个超标断面，不仅显示了断面属性，还可以通过下侧按钮执行相关操作。如◉按钮用于定位监测断面同时进行语音播报；▦按钮用于显示断面详细评价指标，●按钮用于进行风险源分析，✉按钮用于将超标信息以邮件形式发送给相关流域负责人。

5.4.6　污染溯源分析

污染溯源分析是针对断面水质超标后，反向沿上游追踪上游排口，根据河段距离，利用水污染扩散模型，反推超标断面的 COD/NH_3-N 比例，判断候选排污口，并从候选排污口中根据企业排放的 COD/NH_3-N 上下限筛选出疑似排污企业的一种分析方法。

点击“污染溯源分析”功能后，出现图 5-17 所示的污染溯源分析页面。用户需要在工具栏中设定分析时间、超标倍数。系统根据用户设定，按照溯源分析方法列出超标断面；在超标断面列表中，◉用于在地图上定位；▦用于显示该断面的上游候选排污口。

图 5-18 为图 5-17 点击▦后呈现的页面。在该列表有◉▦← 3 个按钮，依次为定位候选排污口、疑似排污企业、返回超标断面页面功能，图 5-19 为图 5-18 点击▦后呈现的疑似排污企业列表页面。

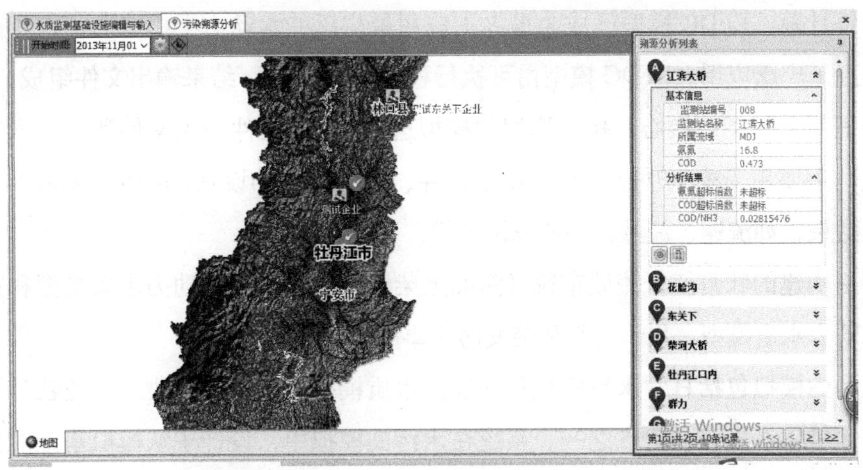

图 5-17　污染溯源分析页面

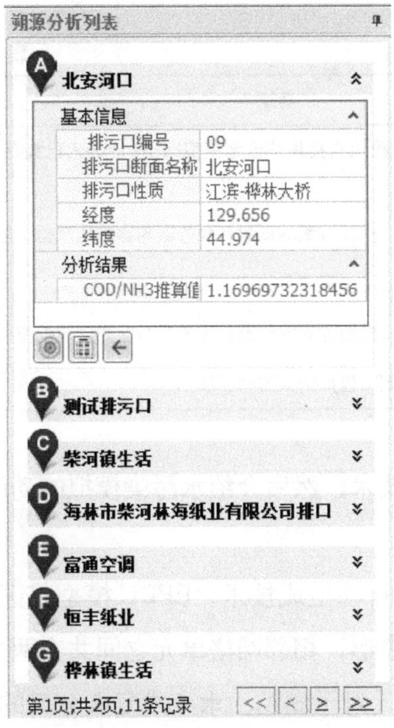

图 5-18　候选排污口列表

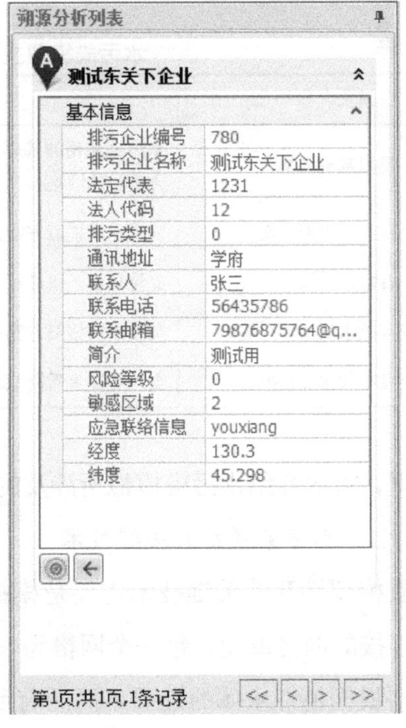

图 5-19　候选企业列表

5.4.7　水污染模拟

EFDC 模型是美国国家环保局推荐的三维地表水水动力模型，可实现河流、湖泊、水库、湿地、河口和海洋等水体的水动力学和水质模拟，是一个多参数有限差分模型。EFDC 模型采用 Mellor-Yamada2.5 阶紊流闭合方程，根据需要可以分别进行一维、二维和三维计算。EFDC 模型已成为世界上应用最广泛的水动力学模型之一，目前在我国也得到了广泛应用。EFDC 模型由可执行程序、输入文件、结果输出文件组成。其中，可执行程序是模型的核心，执行模型的模拟运算；输入文件由主文件和一系列辅助文件构成，主要用于模型功能选择和初始条件、边界条件的设置；输出文件用于存储模型模拟结果，如流速、流量、污染物浓度等。

利用构建的牡丹江干流城市段（西阁至柴河大桥）二维水动力水质模型和镜泊湖二维水动力水质模型，用于日常和突发污染事故模拟和预测。

水污染模拟包括日常水质模拟和突发性水质模拟两大功能模块，也是牡丹江水环境监控预警体系研究的重点之一。系统在水污染模拟中，设计了从模拟基础网格、模拟方案制作到模拟方案管理一系列功能，基本实现了 EFDC 模型操作的本地化。表 5-5 给出了水污染模型的功能列表。

水污染模型主要模块 表 5-5

模块名称	功能
模拟基础网格	水污染使用的基础网格。该模块支持用户设定模拟网格；能导入已经存在的模拟方案中的网格
日常水质模拟方案	日常水质模拟方案列表；支持模拟方案的创建、服务器与客户端数据交换等
日常水质模拟	支持日常水质模拟的进度管理；模拟结果的动态展示
突发事故水质模拟方案	突发水质模拟方案列表；支持模拟方案的创建、服务器与客户端数据交换等
突发事故水质模拟	支持突发水质模拟的进度管理；模拟结果的动态展示

这里，首先介绍水污染模拟所涉及的关键技术，然后介绍水污染模拟的功能设计。

5.4.7.1 水污染模拟的关键技术

水质模拟涉及的关键技术主要是模拟网格自动生成技术。EFDC 模型将区域划分为相互连接的网格单元，每一个网格为一个四边形，相邻网格单元之间共享两个角点。模拟网格根据模拟水体的性质不同而有所差异，对于湖泊、水库或复杂分叉的水体区域，多使用矩形网格划分方式；对于线性河流，则沿河道对水体区域进行划分。这里，分别讨论面状水域和线性河流网格自动生成技术。

（1）面状水域的网格自动生成

1）面状水域模拟网格的划分

面状水域的网格划分相对简单。首先确定面状水域外边界，该边界默认为一个矩形范围。通过人工交互的方式，由网格制作人员根据面状水域的形状特征手工修改初始范围的 4 个角点，形成一个不规则的四边形，如图 5-20 所示。

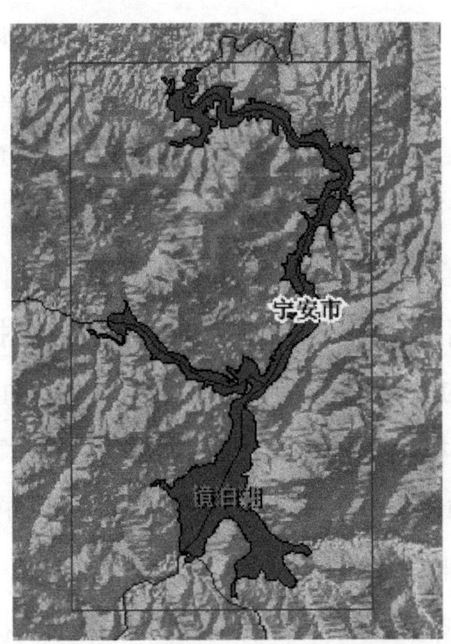

图 5-20　面状水域外边界的设定图

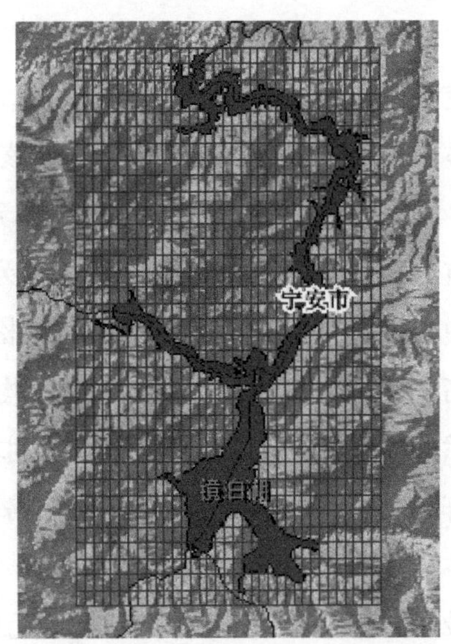

图 5-21　面状水域的模拟网格划分

设定外边界后，输入要生成的网格行数和列数。将网格边界的左右边，按照网格行数将其划分为长度相等的直线段，将网格边界的上下边，按照网格列数划分为长度相等的直线段。将这些直线段的端点按行和列分别使用直线段连接起来，就形成了面状水域的模拟网格，将图 5-20 划分为 10 行 10 列的模拟网格，效果如图 5-21 所示。

2）模拟网格单元属性的自动设定

在 EFDC 中，每一个网格单元都需要设定属性，属性值 0、5、9 分别表示陆地、水陆边界、水体。传统 EFDC 划分工具需要手动设定网格单元的属性，费时费力。利用水体空间坐标与模拟网格单元坐标之间的空间关系，能实现网格属性的自动设定。

①模拟网格单元的编号

为完成模拟网格单元属性的设定，需要按一定的规则对模拟网格单元进行编号。将左上角第一个网格单元序号设为 1，然后按照从左向右、从上到下的顺序对其余网格单元依次编号。设模拟网格的行数和列数分别为 R 和 C，则整个模拟网格的单元个数为 T：

$$T = C \tag{5-1}$$

设网格单元序号为 N，则该网格单元的行号 r 和列号 c 按式（5-2）、式（5-3）计算：

$$c = N\%C \tag{5-2}$$

$$r=(N-c)\ /C \tag{5-3}$$

②水体网格单元的确定

水体网格单元的外围为水陆边界，水陆边界的外围为陆地。因此，水体网格单元的确定是整个模拟网格属性设定的关键。按照 EFDC 的规范要求，在一个网格单元内，若水体面积占总面积的 50% 以上，则该网格单元为水体。为快速完成水体网格单元的确定，采用栅格化方法设定水体网格单元。

首先，以模拟网格最外接矩形范围为分析范围，将其划分为细粒度的网格矩阵。该矩阵中的每一个矩形单元应该比模拟网格单元平均边长小，矩形单元粒度越小，提取精度越高，但运算量越大，因此一般取平均边长的 1/4。该矩阵为栅格分析的大小和范围。

然后，将水体范围和模拟网格分别转换为栅格数据，该栅格数据的分辨率等于网格矩阵的边长。对于模拟网格，将网格单元的编号作为转换后对应栅格像元的值；对于水体，水体范围内的栅格像元值设为 1，否则设为 2。

最后，新建两个大小等于网格单元总数的数组，分别存储对应网格单元的栅格总数和水体栅格总数。遍历转换后的两个栅格数据，获取栅格像元对应网格单元序号，将该网格单元的栅格总数加 1；如果水体栅格像元取值为 1，同时将该网格单元的水体栅格总数加 1。遍历完成后，得到了每一个模拟网格的栅格像元总数和水体像元总数，从而计算出其水体比例，若比例大于 50%，则将该网格单元的属性设为 5。

水体网格单元设定流程如图 5-22 所示。

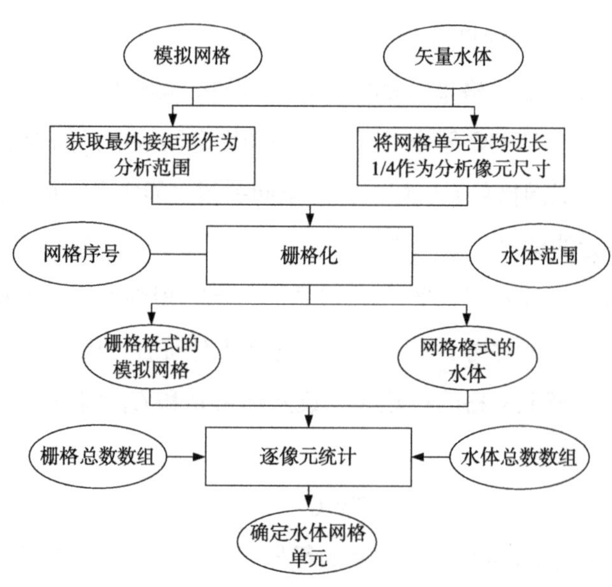

图 5-22　水体网格单元设定流程

③水陆边界和陆地网格单元的确定

水体网格单元设定后，获取边界水体网格单元，与该网格单元相邻的非水体单元即为陆地网格单元。边界水体网格单元判定规则为：对于水体网格单元，遍历其 8 邻域网格单元。如果在 8 邻域网格单元中，至少有一个网格单元为非水体属性，则该网格单元为边界水体网格单元。

当水体网格单元和水陆边界网格单元设定完成后，其余未设定属性的网格单元即为陆地。遍历所有模拟网格单元，若该网格单元属性值不为 5 和 9，则将其设定为 0。

（2）线性河流的网格自动生成

线性河流的网格单元生成需要按照河流的走向，对水体范围进行网格划分。线性河流网格划分效果如图 5-23 所示。

线性河流的网格自动生成相对复杂。本研究采用“中心线提取 - 沿中心线划分网格”的思路实现了线性河流的网格生成。

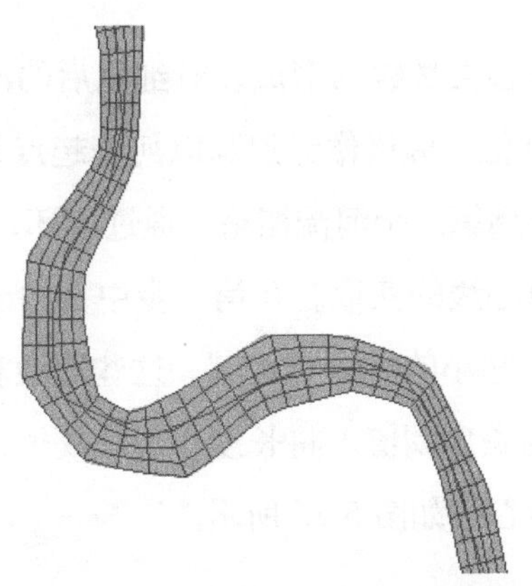

图 5-23　线性河流网格划分示意

1）中心线提取

河流中心线提取首先将河流栅格化形成二值栅格数据；然后对河流栅格细化形成河流的骨架；最后对骨架线追踪并去掉短线和毛刺形成最终的河流中心线。中心线提取流程如图 5-24 所示。

①第一步：设定分析范围和像元尺寸。依据需要划分模拟网格的河流段，设定分析范围，该范围为河流段的最外接矩形。根据河流的平均宽度，设定适当的分析像元尺寸。最佳的像元尺寸为河流平均宽度的 1/10 左右。对于较长河段的网格划分，为避免分析尺寸过小导致栅格数据行列数过大，适当减小分析尺寸。

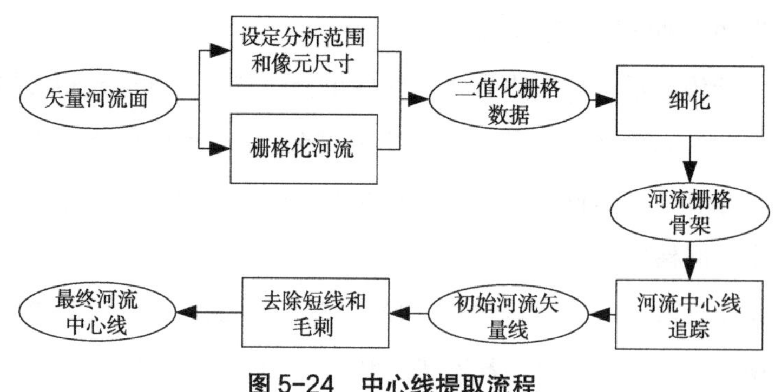

图 5-24　中心线提取流程

②第二步：二值化栅格河流。依据分析范围和分析尺寸，对矢量河流进行栅格化，产生二值化栅格河流。在该栅格中，河流像元取值为 1，其他像元取值为 0。

③第三步：细化。细化是一种数学形态变换。细化是对河流栅格的外层像元逐层剥蚀，并保证河流栅格的连通性保持不变。细化后，得到河流栅格的骨架线，该骨架线位于河流的中心位置。

④第四步：初始河流中心矢量线的形成。对细化后的河流骨架线采用栅格像元追踪技术完成河流中心的矢量化。栅格像元追踪以河流起点为源点，按照顺时针或逆时针方向所有像元 8 领域，得到第二个河流栅格。通过循环，最终得到河流的矢量线。

⑤第五步：最终河流中心线的获取。在第 4 步中，由于河流的宽度变化，细化后可能会在中心线两侧产生一些小的短线和毛刺。这些短线和毛刺去掉后，才能得到最终的河流中心线。设定线的长度阈值，将长度小于该阈值的、河流中心线两侧的短线和毛刺去掉。产生的河流中心线如图 5-25 所示。

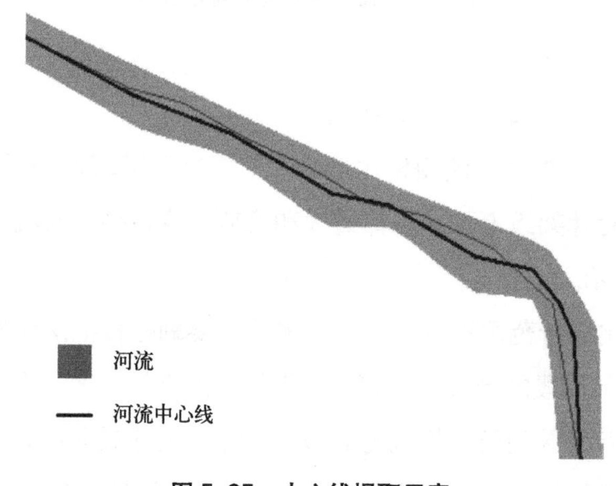

图 5-25　中心线提取示意

2）沿中心线划分网格

在获取河流中心线之后，沿中心线每隔一定距离，作一条与中心线该点垂直的直线，该直线与水体多边形产生一系列交点。按照最邻近原则，分别获取中心线两侧距离最近的两个交点，这两个交点为模拟网格在该位置上的外边界。将所有的外边界封闭，构成了河流的模拟网格边界，对其均分，形成最终的河流模拟网格。

3）河流模拟网格属性的设定

由于河流模拟网格依据河流形状划分，因此得到的河流网格均为水体网格单元。但在 EFDC 中，水体网格单元必须有水陆边界包围。因此，在水体网格单元划分完成后，对划分后的单元向外扩展一层网格单元，并且设置这些单元的属性为 9。

5.4.7.2　水污染模拟的功能设计

（1）模拟基础网格

模拟基础网格在系统中被认为是水污染模拟的基础。日常水质模拟方案、突发事故模拟方案在创建时均需要指定模拟的基础网格。根据 EFDC 模型的运行需求和特征，将模拟基础网格进行抽象，分为“面域断面”“单河流型断面”两类。“面域断面”主要针对水库、湖泊、复杂河流区域等，以设定网格行数、列数的方式划分区域网格；“单河流型断面”主要针对河流干流的面状区域，提供了通过河流面状轮廓的网格划分方法。

模拟基础网格存储了网格坐标、网格高程、网格属性、监测断面网格位置、排污口网格位置、水闸位置及属性等基本信息。为减少方案存储体积，方便服务器和客户端的数据交换，以二进制流方式存储网格文件。图 5-26 为模拟基础网格列表页面。

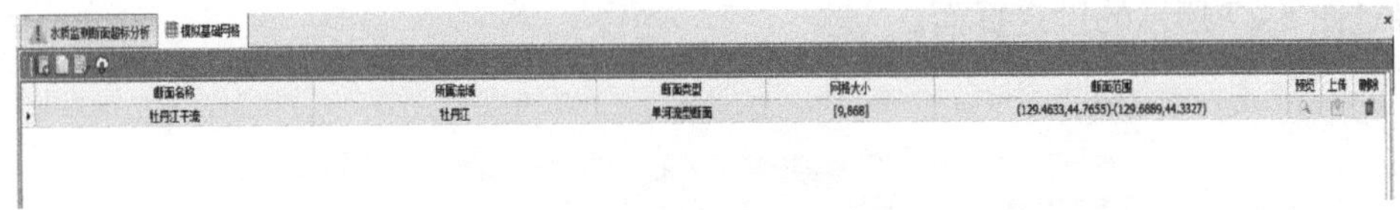

图 5-26　模拟基础网格列表页面

在该页面中，工具栏 上用于新建模拟网格； 用于打开存在的模拟网格文件； 用于从 EFDC 模拟方案中装载模拟网格； 用于同步服务器模拟网格文件。

模拟网格按照本地方案列表和服务器方案列表分别显示。列表中每一个模拟网格，可以执行网格所在行的 在地图上预览模拟网格； 用于将本地模拟网格上传到服务器共享； 用于删除模拟网格。

这里，以 为例，简要描述模拟网格的创建过程。图 5-27 为“从已有 EFDC 方案装在网格”的初始页面。该页面中，上侧为EFDC方案文件目录选择区，用户通过点击“浏览”选择EFDC方案目录后，自动在网格文件列表中列出EFDC关键文件所在路径，如cell.inp、corners.inp、dxdy.inp、lxly.inp。如果所选目录不是EFDC方案目录，则EFDC关键文件所在路径被置空。

图 5-27　导入已有 EFDC 模拟网格

用户选择EFDC模拟方案目录后，在“模拟断面类型”中选择方案中网格的类型及方案网格坐标所属坐标系。点击“确定”后进入图5-28所示的模拟网格制作向导第一个页面。需要注意的是，对于前述的新建模拟网格，直接进入的是该向导，而不会经过图5-27所示的设定页面。

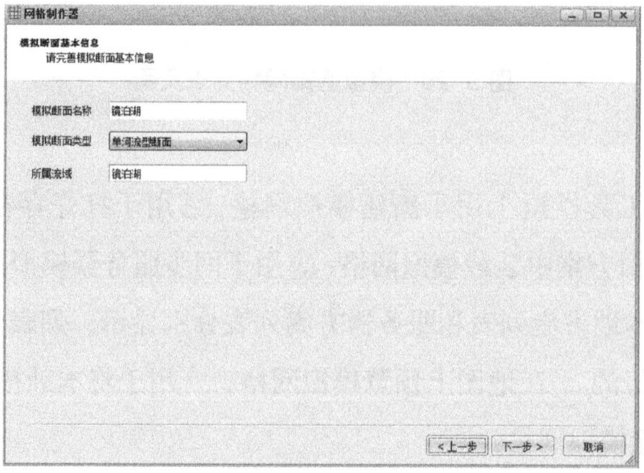

图 5-28　模拟断面基本信息页面

图 5-28 中，需要用户填写模拟断面名称、模拟断面类型和所属流域等基本信息。点击“下一步”后，进入向导的第二个页面“模拟断面空间范围设定页面”，如图 5-29 所示。

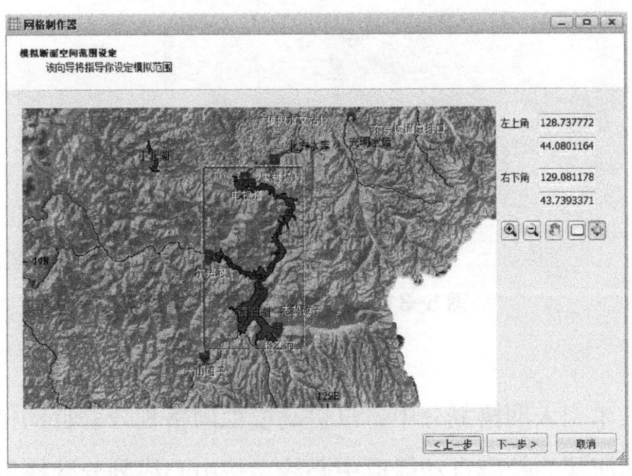

图 5-29　模拟断面空间范围设定页面

在图 5-29 中，用户可以设定模拟网格的矩形范围，网格的生成按照该范围。但是，对于已有 EFDC 方案装载网格，系统会自动依据模拟网格计算外接矩形，请勿在此页面重新设定范围，否则方案中的网格将被重置。点击“下一步”后，依据模拟断面类型的差异而有所不同，图 5-30 为单河流型网格划分页面；图 5-31 为面域网格划分页面。

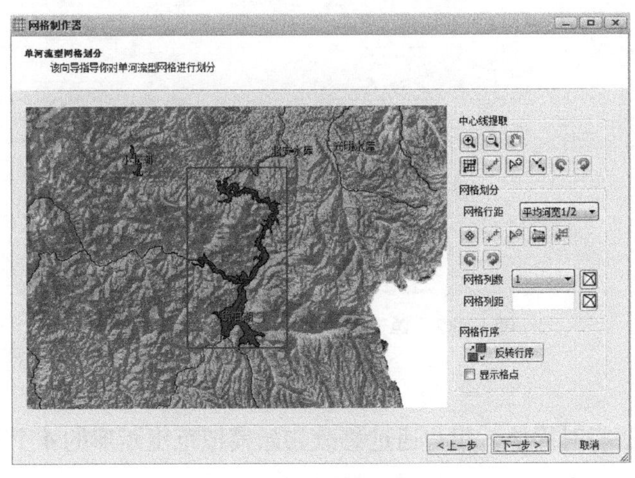

图 5-30　单河流型网格划分页面

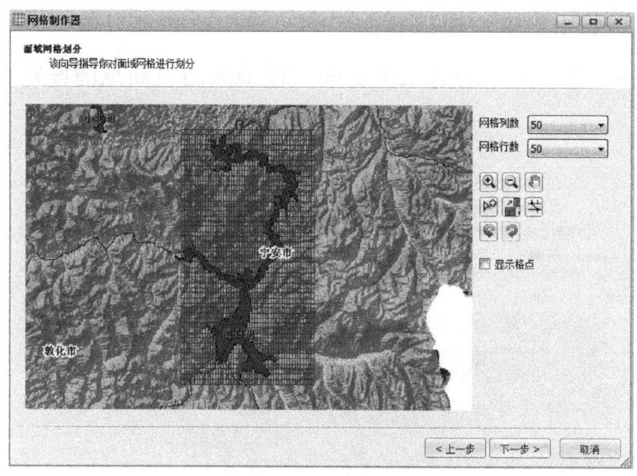

图 5-31　面域网格划分页面

系统将 GIS 技术引入网格划分中，以提高模拟网格划分的自动化。如单河流型网格划分，支持依据河流的轮廓自动提取中心线、按中心线划分网格行、按指定网格列数或列距自动生成单河流型模拟网格；也可以依据河流的轮廓半自动划分模拟网格；对于已划分的模拟网格，支持网格坐标的移动、网格行的删除等操作。图 5-32 为依据河流中心线，自动生成模拟网格的放大效果图。

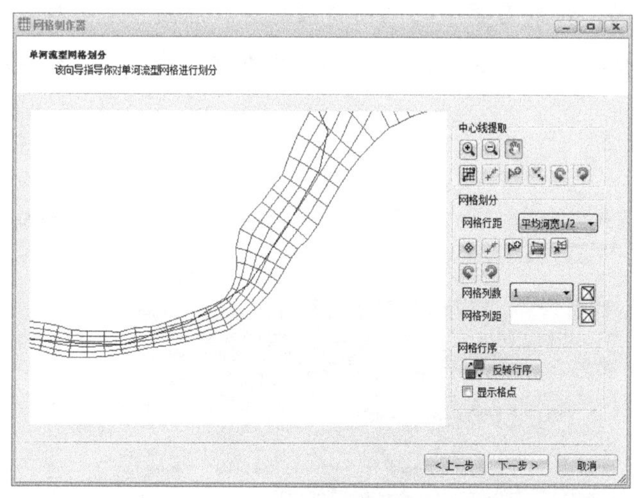

图 5-32　单河流型网格自动划分示意

面域网格算法相对简单，用户通过修改初始模拟范围矩形的 4 个角点，可重新设定模拟网格外边界；通过设定网格列数、网格行数，按照均分方法对网格边界进行网格细分；对于已细分的网格，仍然 支持对网格角点的拖曳。

虽然图 5-30 和图 5-31 能方便、快速地对模拟区域进行网格划分，但如果从 EFDC 方案中加载模拟网格，而不是新建模拟网格，请勿对模拟网格进行行列数设定等，否则会导致模拟网格重置的功能。

系统不仅能利用 GIS 空间分析功能快速、智能地对网格进行自动、半自动划分，也能依据模拟网格和已有水域空间范围自动计算模拟网格单元的属性，即自动判定模拟网格属于水体、陆地还是水陆交界。图 5-33 为模拟网格属性获取页面。该页面中，可以自动获取模拟网格属性，也可以通过依据区域 DEM 动分配网格地面高程。如果 DEM 存在误差，支持利用有限的单元格高程插值得到整个模拟网格的高程属性。

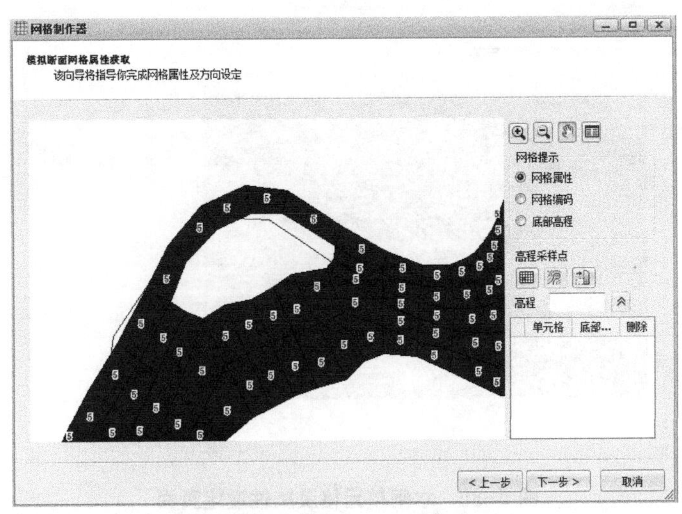

图 5-33 模拟网格属性获取页面

在模拟网格属性获取页面之后的几个向导页面，主要用于设定模拟网格中的水质监测站、水文监测站、排污口、出水口、水闸等单元格和属性。图 5-34 为水质监测站网格及属性设定页面；图 5-35 为水闸单元格及属性设定页面。

(2) 水质模拟方案管理

由于日常水质模拟方案管理和突发性水质模拟方案管理采用相同的机制设计，这里仅以日常水质模拟方案为例进行阐述。执行“日常水质模拟方案”功能后，出现图 5-36 所示的“日常水质模拟方案管理页面”。该页面由工具条和方案列表两部分组成。在页面工具条中， 用于新建模拟方案； 用于打开存在的模拟方案文件； 用于同步服务

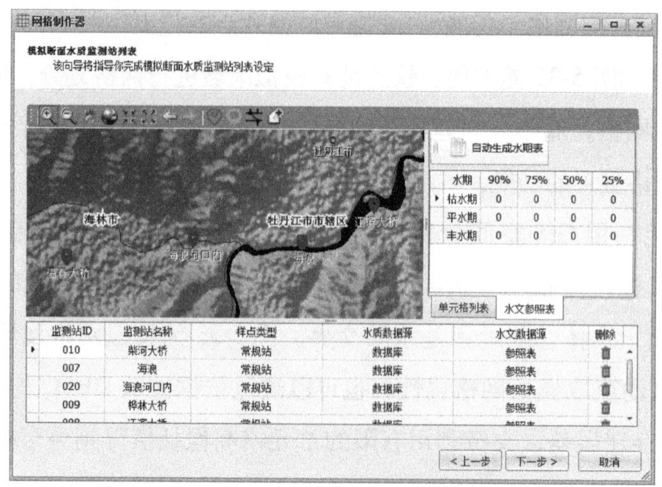

图 5-34　水质监测站网格及属性设定页面

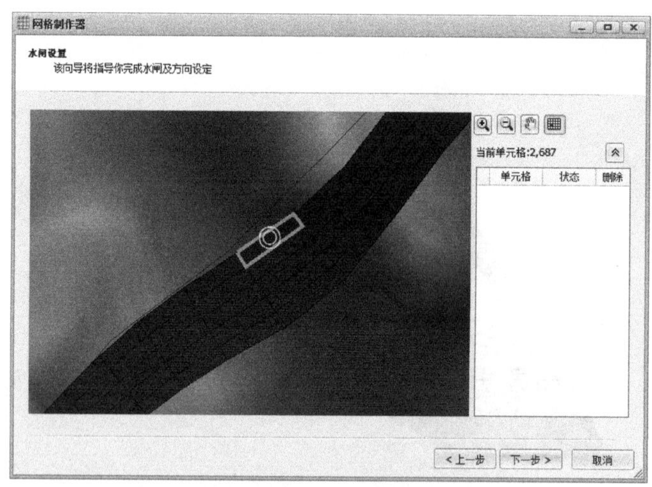

图 5-35　水闸单元格及属性设定页面

器模拟网格文件。

方案列表列出了本机或服务器上存在的模拟方案，它们均以二进制文件方式存储。本地列表中每一行均有“预览”“上传”“删除”；服务器列表则支持下载、删除等功能。

执行▣、后▣,以向导方式弹出模拟方案编辑向导,在该向导中,设定模拟方案名称、污染物指标、模拟时间、模拟步长、模拟网格污染物初始浓度和水深等信息;设定完成后,在本地创建一个二进制的模拟方案文件。

▣ 导出的 EFDC 方案可以在本地试运行，如图 5-37 所示。

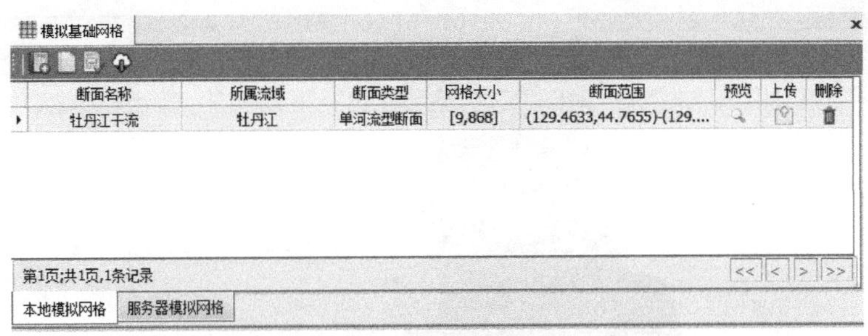

图 5-36　日常水质模拟方案管理页面

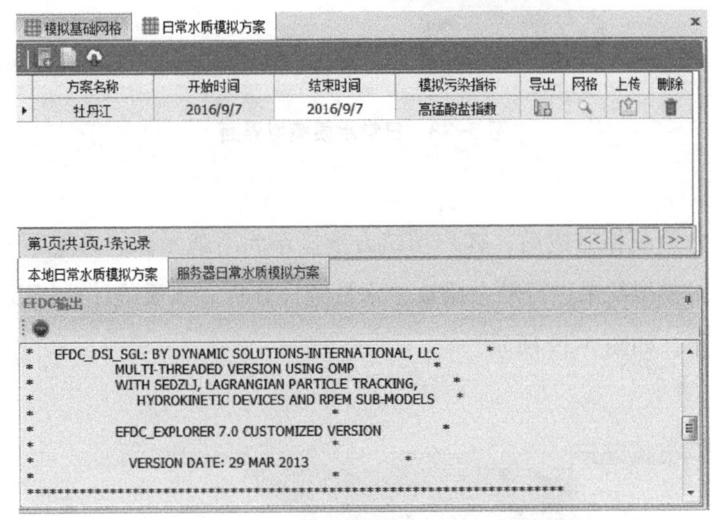

图 5-37　模拟方案客户端试运行界面

（3）水质模拟

水质模拟按功能划分，包括“日常水质模拟”和“突发事故水质模拟”。它们在方案运行角度上功能基本是类似的。因此，这里以日常水质模拟为例，阐述水质模拟的主要操作过程。

点击“日常水质模拟”功能后，出现图 5-38 所示的日常水质模拟界面。在该页面中，上侧为常用工具栏、左侧为地图窗口、右侧为方案列表。常用工具栏用于对地图进行缩放、显示 / 隐藏在线地图、信息查询、量测等基本地理信息功能；地图窗口则用于动态显示污染扩散流程；方案列表以分页方式显示服务器所有的模拟方案，并记录模拟方案执行情况。对于未模拟的方案，点击 可在服务器端模拟该方案， 表示模拟方案正在服务器上运行；对于已模拟的方案，取而代之的是下载模拟方案。一旦模拟方案下载到本地，则可在地图窗口中查看污染物扩散过程。

图 5-38　日常水质模拟界面

当服务器水质模拟完成后，客户端该方案显示为下载图标。方案下载后，可以通过相关的操作对模拟结果进行动态播放，水量统计分析，水质统计分析以及重要节点、纵断面图表展示，如图 5-39 所示。

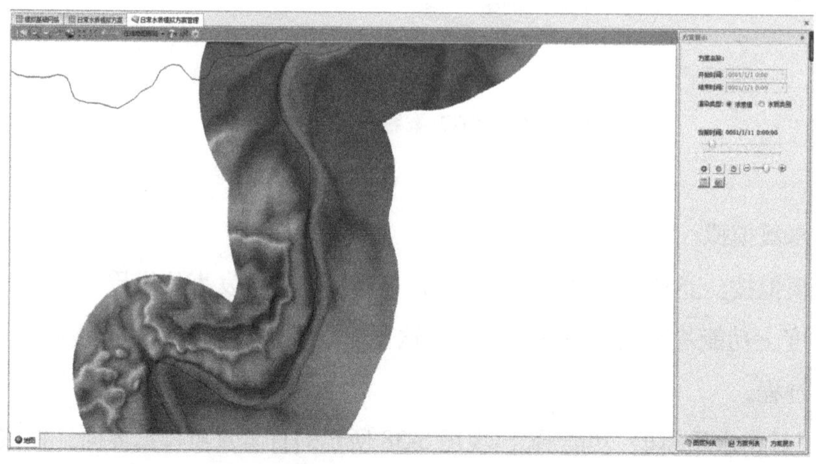

图 5-39　日常水质模拟效果界面

5.4.8　统计查询

统计查询是系统中对已有信息查询的功能，包括水质监测断面信息查询、地表水质量标准、水质数据查询几个子功能模块。

5.4.8.1　水质监测断面信息查询

水质监测断面信息查询作为一个功能模块，能在其中查询水质监测断面、水文监测断面、排污口断面、排污企业列表；同时，根据牡丹江流域河道的上下游拓扑关系，智能判断水质监测断面、水文监测断面、排污口断面等上下游关系，如获取河道某处的所有上游水质监测断面。

水质监测断面上游追踪页面设计如图 5-40 所示。

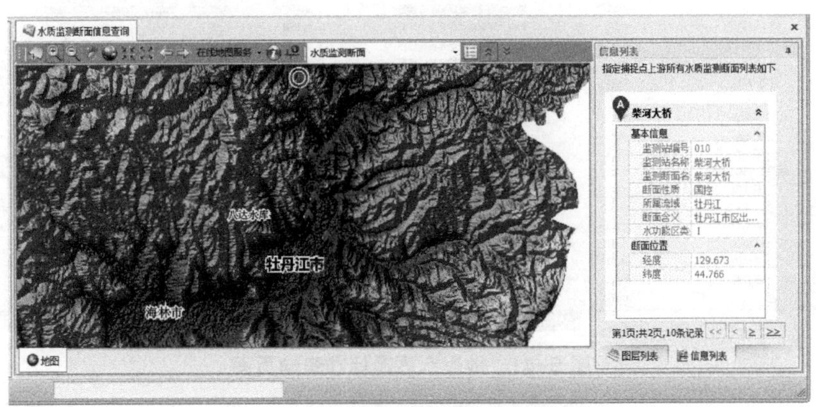

图 5-40　水质监测断面上游追踪页面

在图 5-40 中，上侧为地图操作的工具栏，左侧为地图窗口，右侧为查询结果列表。工具栏中，下拉框用于设定查询类别，如水质断面、水文断面、排污口、取水口、水闸等。设定查询类别后，点击按钮显示相应断面列表；在右侧查询结果窗口中，以分页显示方式枚举所有的基础设施。

和作为拓扑查询功能，主要用于获取指定河道位置（用户鼠标点击）上游或下游所有的基础设施，如水质断面、水文断面、排污口、取水口、水闸等，由工具栏上下拉框设定的当前设施类别决定。图 5-40 为水质监测断面上游追踪示意。圆圈闪动所在的水质监测断面即为拓扑查询的结果。

5.4.8.2　地表水质量标准

地表水质量标准是按国家规范形成的各监测指标的水质标准值。该标准已经内置于系统之中，用于水质等级计算。“地表水质量标准”功能则为用户提供查看国家规范的水质量标准接口。执行“地表水质量标准”功能，显示页面如图 5-41 所示。

5.4.8.3　水质数据查询

水质数据查询主要用于水质监测断面、水生生物监测断面、水文监测断面、排污口水质、取水口水质、取水口水文数据的查询。这些数据均为时间序列数据，在查询时，为用户提供了时间段的选择，系统依据设定的时间范围，自动从数据库中获取满足条

地表水质量标准

ID	监测指标名称	指标单位	监测项目类型	取值类型	Ⅰ类	Ⅱ类	Ⅲ类	Ⅳ类	Ⅴ类
1	pH值		地表水环境质量标准基本项目	区间	6	9			
2	溶解氧	mg/L	地表水环境质量标准基本项目	五类递减	7.5	6	5	3	2
3	高锰酸盐指数	mg/L	地表水环境质量标准基本项目	五类递增	2	4	6	10	15
4	化学需氧量	mg/L	地表水环境质量标准基本项目	五类递增	15	15	20	30	40
5	五日生化需氧量	mg/L	地表水环境质量标准基本项目	五类递增	3	3	4	6	10
6	氨氮	mg/L	地表水环境质量标准基本项目	五类递增	0.015	0.5	1	1.5	2
7	总磷(河)	mg/L	地表水环境质量标准基本项目	五类递增	0.02	0.1	0.2	0.3	0.4
8	总氮	mg/L	地表水环境质量标准基本项目	五类递增	0.2	0.5	1	1.5	2
9	铜	mg/L	地表水环境质量标准基本项目	五类递增	0.01	1	1	1	1
10	锌	mg/L	地表水环境质量标准基本项目	五类递增	0.05	1	1	2	2
11	氟化物	mg/L	地表水环境质量标准基本项目	五类递增	1	1	1	1.5	1.5
12	硒	mg/L	地表水环境质量标准基本项目	五类递增	0.01	0.01	0.01	0.02	0.02
13	砷	mg/L	地表水环境质量标准基本项目	五类递增	0.05	0.05	0.05	0.1	0.1
14	汞	mg/L	地表水环境质量标准基本项目	五类递增	5E-05	5E-05	0.0001	0.001	0.001
15	镉	mg/L	地表水环境质量标准基本项目	五类递增	0.001	0.005	0.005	0.005	0.01
16	铬(六价)	mg/L	地表水环境质量标准基本项目	五类递增	0.01	0.05	0.05	0.05	0.1
17	铅	mg/L	地表水环境质量标准基本项目	五类递增	0.01	0.01	0.05	0.05	0.1
18	氰化物	mg/L	地表水环境质量标准基本项目	五类递增	0.005	0.05	0.2	0.2	0.2
19	挥发酚	mg/L	地表水环境质量标准基本项目	五类递增	0.002	0.002	0.005	0.01	0.1
20	石油类	mg/L	地表水环境质量标准基本项目	五类递增	0.05	0.05	0.05	0.5	1
21	阴离子表面活性剂	mg/L	地表水环境质量标准基本项目	五类递增	0.2	0.2	0.2	0.3	0.3
22	硫化物	mg/L	地表水环境质量标准基本项目	五类递增	0.05	0.1	0.2	0.5	1
23	粪大肠菌群	n/L	地表水环境质量标准基本项目	五类递增	200	2000	10000	20000	40000
69	总磷(湖)	mg/L	地表水环境质量标准基本项目	五类递增	0.01	0.025	0.05	0.1	0.2
24	硫酸盐	mg/L	集中式生活饮用水地表水源地补充项目	单值递增	250				
25	氯化物	mg/L	集中式生活饮用水地表水源地补充项目	单值递增	250				
26	硝酸盐	mg/L	集中式生活饮用水地表水源地补充项目	单值递增	10				
27	铁	mg/L	集中式生活饮用水地表水源地补充项目	单值递增	0.3				

激活 Windows
转到"设置"以激活 Windows。

图 5-41　地表水质量标准查询页面

件的记录，并分页显示。

这里，以水生生物断面监测数据查询为例，阐述基本功能设计。在图 5-42 中，首先选择监测流域 / 监测断面、监测指标、起始时间、终止时间，点击查询按钮，将查询结果显示在界面中。

水生生物监测数据查询

监测流域/监测断面 牡丹江　监测指标 沟渠异足猛水蚤,梨波豆虫,囊形...　时段类型 月　分析时段 2014 年 1 月 至 2014 年 1 月

水生生物监测站	监测时间	沟渠异足猛...	梨波豆虫	囊形单趾轮虫	似简形虫	小巨头轮虫	针棘匣壳虫	湖累枝虫	裸腹溞属 sp.	肾形豆形虫	钩状狭甲轮虫	梨形四膜虫	浦达臂尾轮虫	田奈异
大山咀子	2014/1/1	0	0	0	1667	0	0	0	0	0	0	0	0	0
老鹤砬子	2014/1/1	0	0	0	0	0	0	0	0	0	0	0	0	0
电视塔	2014/1/1	0	1667	0	0	0	0	0	0	0	0	0	0	0
果树场	2014/1/1	0	0	0	0	0	0	0	0	0	0	0	0	0
西阁	2014/1/1	0	1667	0	0	0	0	0	0	0	0	0	0	0
温春大桥	2014/1/1	0	0	0	0	0	0	0	0	0	0	0	0	0
海浪	2014/1/1	0	0	0	1667	0	0	0	0	0	0	0	0	0
江滨大桥	2014/1/1	0	0	0	5000	0	0	0	0	0	0	0	0	0
桦林大桥	2014/1/1	0	0	0	0	0	0	0	0	0	0	0	0	0
柴河大桥	2014/1/1	0	0	0	0	0	0	0	0	0	0	0	0	0
群力	2014/1/1	0	0	0	0	0	0	0	0	1667	0	0	0	0
三道	2014/1/1	0	0	0	0	5000	0	0	0	0	0	0	0	0
大坝	2014/1/1	0	0	0	0	0	0	5000	0	0	0	0	0	0
花脸沟	2014/1/1	0	0	0	0	0	0	0	0	0	0	0	0	0
尔站西沟河	2014/1/1	0	0	0	0	0	0	0	0	0	0	0	0	0
龙爪	2014/1/1	0	0	0	0	0	0	0	0	0	0	0	0	0
东关	2014/1/1	0	0	0	0	0	0	0	0	0	0	0	0	0
海浪河口内	2014/1/1	0	8334	0	0	0	0	0	0	0	0	0	0	0
乌斯浑河	2014/1/1	0	0	0	0	1667	0	0	0	1667	0	0	0	0
三道河子	2014/1/1	0	0	0	0	0	0	0	0	0	0	0	0	0
二道河子	2014/1/1	0	0	0	0	0	0	0	0	0	0	0	0	0
头道河子	2014/1/1	0	0	0	1667	0	0	0	0	0	0	0	0	0
五林河	2014/1/1	0	0	0	0	5000	0	0	0	0	0	0	0	0
北安河	2014/1/1	0	0	0	0	0	0	0	0	0	0	0	0	0
小石河	2014/1/1	0	3333	0	0	0	0	0	0	0	0	0	0	0
蛤蟆河	2014/1/1	0	0	0	0	0	0	0	0	0	0	0	0	0
马连河	2014/1/1	0	0	0	0	5000	0	0	0	0	0	0	0	0
大小夹吉河	2014/1/1	0	0	0	0	0	0	0	0	0	0	0	0	0
沙河	2014/1/1	0	0	0	0	0	0	0	0	0	0	0	0	0
珠尔多河	2014/1/1	0	0	0	0	0	0	0	0	0	0	0	0	0

第1页;共2页,31条记录

图 5-42　水生生物监测数据查询页面

5.4.9　数据库管理

数据库管理主要用于对水环境数据库的备份与还原操作。备份文件按指定目录存储在服务器上，支持备份文件的删除、用户选择性的数据文件还原等功能。

5.4.10　智能报表

提供“自动化”智能报表输出功能，报表图文并茂，包括季度报表、年度报表等。如图 5-43 所示。

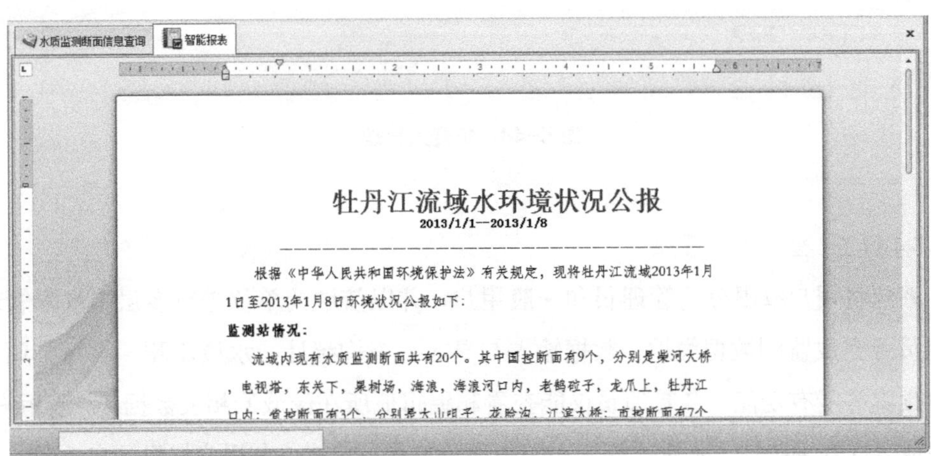
水质监测断面信息查询
智能报表
牡丹江流域水环境状况公报
2013/1/1—2013/1/8
根据《中华人民共和国环境保护法》有关规定，现将牡丹江流域2013年1月1日至2013年1月8日环境状况公报如下：
监测站情况：
流域内现有水质监测断面共有20个。其中国控断面有9个，分别是柴河大桥，电视塔，东关下，果树场，海浪，海浪河口内，老�砬子，龙爪上，牡丹江口内；

图 5-43　智能报表

5.4.11　系统管理

系统管理功能模块分为“负责人管理”“登录用户管理”“系统帮助”几个子功能模块。

5.4.11.1　负责人管理

在水质监视预警预报中，当断面水质超标后，需要邮件联系相关负责人。负责人的管理则在“系统管理”—“负责人管理”中实现。

系统以流域进行数据组织。不同等级河流、水库构成了系统的流域树状结构。流域树的每一个层次，均可设定一定数量的负责人。当流域内某一断面超标后，对应负责人可能接收到超标信息。

负责人管理主要有负责人添加、编辑和删除等功能。图 5-44 为负责人管理页面，以大图标方式显示各负责人。

图 5-44　负责人管理

5.4.11.2　登录用户管理

系统将用户权限分为管理员和一般用户，并以流域为单位进行多层级权限管理。管理员可完成监测数据维护、数据输入与导入、查询统计、水质监测、水污染预警、应急预案等所有功能，各管理员仅能查看和编辑他所在流域的相关数据；一般用户仅能完成数据查询统计、水质监测、水污染预警等基本功能。各用户权限见表 5-6。

用户类型与权限　　表 5-6

用户类型	权限描述
管理员	监测数据维护、数据输入与导入、查询统计、水质监测、水污染预警、应急预案
一般用户	查询统计、水质监测、水污染预警等基本功能

5.4.11.3　系统帮助

系统帮助以 PDF 格式显示系统使用操作手册。用户执行“系统帮助”功能后，用户操作手册的 PDF 页面内嵌于系统子文档之中，方便用户查看，如图 5-45 所示。

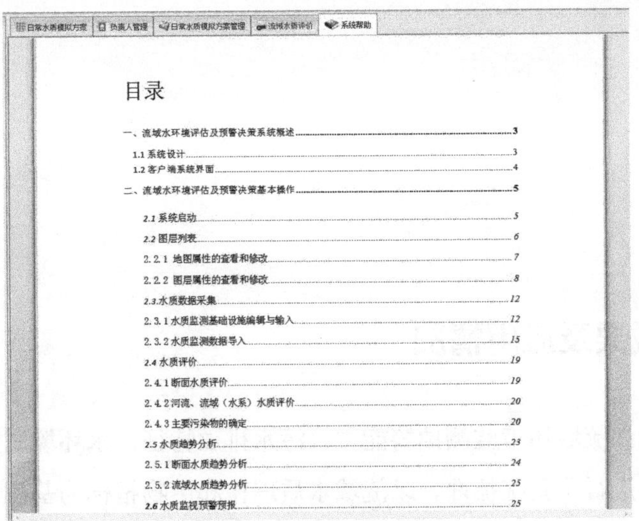

目录

图 5-45　系统帮助页面

5.4.12　三维展示

系统基于 GPU，实现了地形三维显示功能、监测点三维符号显示功能。在地形显示时，基于 LOD 技术进行了算法优化，能高分辨率地显示牡丹江全流域。目前，三维显示功能主要嵌于水质预警预报中。当水质断面超标后，三维场景中水质监测站三维闪烁显示，并配合语音朗读，以便更形象直观地查看预警预报情景。三维展示如图 5-46 所示。

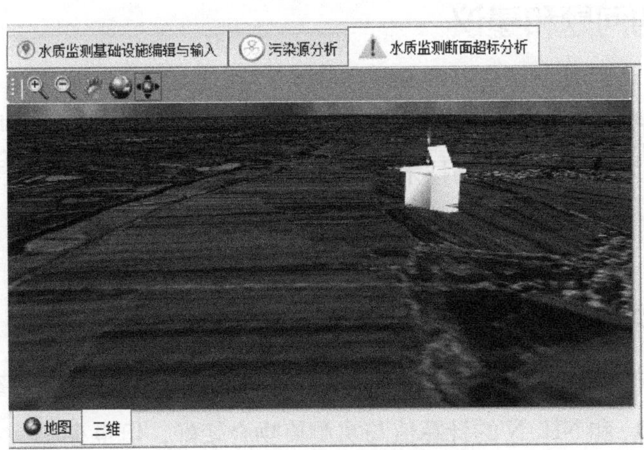

图 5-46　三维展示功能示意图

第 6 章 结　论

6.1　研究成果及应用情况

本书对牡丹江流域环境监测预警能力、污水排放特征、水环境质量等方面存在的环境问题及成因进行了系统梳理，以流域水质理化和生物指标为基础，将 EFDC 模型和 GIS 系统紧密集成，开展了牡丹江流域水环境质量监测预警体系研究，为牡丹江市水环境管理工作及《牡丹江市生态环境保护“十三五”规划》《牡丹江市水污染防治工作方案》《牡丹江市环境保护“十二五”规划》等编制实施提供了有力的技术支持。

相对于欧美等发达国家，我国在对北方寒冷地区河流（湖库）冰封期和非冰封期水动力与水质过程，以及构建适用的水动力水质模型方面的研究成果非常少。因此，牡丹江流域水环境质量监测预警体系的构建对中国北方寒冷地区河流（湖库）水质，特别是冰封期水质进行模拟显得非常有意义。研究成果可以更好地为这些地区的水环境管理与治理服务。

6.2　存在的问题和建议

牡丹江水环境质量监测预警体系研究是涉及环境科学与工程、水利工程、地理学、计算机科学与技术、测绘科学与技术、信息与通信工程、控制科学与工程等多学科相互交叉的复杂系统。在研究过程中存在如下问题。

6.2.1　水动力水质模拟模型参数率定和模型验证存在问题

预警系统所构建的水动力水质模型重点对 COD_{Cr} 和 NH_3-N 进行了参数率定和模型验证，尽管 COD_{Cr} 和 NH_3-N 的计算值与实测值吻合较好，但也存在一定误差。通过分析发现，造成污染物浓度计算误差的主要原因包括以下几个方面。

（1）河底高程概化误差。牡丹江河道断面形状复杂，较宽的河段常有深浅不一的河漫滩，因此，断面多呈“U”形或“W”形，考虑到模型计算的稳定性，本模型将河道概化为矩形，即认为河床是平底的。这种概化使得局部河道断面，特别是“W”

形断面失真，进而引起模拟误差。

(2) 城市雨水管道及排污管道排入河道的污染源的非恒定性

模拟河段内有牡丹江市、宁安市和海林市等较大型城市，还有温春镇、桦林镇和柴河镇等乡镇，沿河的雨水排口和污水排口较多，这些排口的排污量和排污浓度多数都是动态变化的，特别是生活污水排口，由于季节的不同，排水量差别很大。本研究中所采用的污染物浓度监测值和污水排放量值均为一季度一测，造成了模型流量和浓度边界条件准确度的下降。

(3) 干流两侧农业面源污染分散且测量困难

牡丹江流域水质污染是点源污染和面源污染共同作用的结果。牡丹江流域的面源污染主要包括城市面源污染、农田灌溉退水污染、规模化养殖业污染以及农村地区无序堆放的垃圾污染。污染源非常分散且难以监控，给模型参数率定和验证带来极大挑战。

6.2.2 DPSIR 模型适用性问题及评价指标选取问题

基于 DPSIR 模型建立起来的牡丹江市水环境安全评价指标体系兼具科学性、完整性、灵活性、易得性和简易性等特点，可用于指示牡丹江市社会活动和经济发展对区域水环境安全产生的一系列影响以及牡丹江市为了适应、削弱甚至预防这一影响而采取的一系列积极措施。然而，从目前该模型在国内的应用情况来看，多数仍是以研究为主，应用实践尚有待于进一步验证。此外，DPSIR 模型中评价指标的选择有很大的随意性，因研究者考虑的角度不同而不同，其计算结果也必然会不同，因此，如何选定合理的评价指标也需要作进一步研究。

6.2.3 污染物溯源分析问题

目前，污染物溯源分析仍然是水环境研究领域的一个难题，特别是对于水质监测体系不完善的区域，对污染物进行溯源则变得更为困难。虽然国内外许多学者专家提出了多种计算方法，但效果不甚理想。本研究采用的方法是利用水污染扩散模型，反推超标断面的 COD/NH_3-N 比例，判断候选排口，并从候选排口中根据企业排放的 COD/NH_3-N 上下限筛选出疑似排污企业的一种分析方法。这种方法对于单一企业污水排放可以做出初步的判断，但是，当有多家排污企业同时排放污水时，则很难进行有效的判断。因此，要想实现污染物溯源的准确判断，一方面需要加强加密水质监测，另一方面还需要有适合的分析计算方法。建议预警系统中的污染溯源分析功能在今后的研究中继续加以改进，从而进一步提高环境管理水平和效率。

参考文献

[1] 范晓娜，李云鹏，李环，等．松花江流域水循环水质监测站网设计与实践 [M]. 北京：中国环境出版社，2014.

[2] 中国环境监测总站．流域水生态环境监测与评价技术指南（试行）[S]. 2014.

[3] 马云，李晶，等．牡丹江水质保障关键技术及工程示范研究 [M]. 北京：化学工业出版社，2015.

[4] 牡丹江市环保局，黑龙江省环境保护科学研究院．松花江流域牡丹江市优先控制单元水污染防治“十二五”综合治污方案 [Z]. 2011.

[5] 环保部．全国集中式生活饮用水水源地水质监测实施方案 [Z]. 2012.

[6] 黑龙江省环境保护厅．松花江流域水生生物（国家）试点监测能力建设方案 [Z]. 2012.

[7] 刘萍，金立卫，韩世斌．牡丹江入河排污口水质评价报告 [J]. 黑龙江水利科技，2014，42（7）：99-100.

[8] Harmick Jm. A Three-dimensional Environmental Fluid Dynamics Computer Code：Theoretical and Computational Aspects[R]. The College of William andmary，Virginia Institute ofmarine Science，Special Report 317，1992.

[9] 左彦东，叶珍，马云．牡丹江流域水质变化趋势及水环境污染特征研究 [J]. 环境科学与管理，2010，35（12）：65-70.

[10] 刘萍，孙冰心，金立卫．牡丹江水功能区达标情况分析 [J]. 黑龙江水利科技，2014，42（6）：28-29.

[11] 王玫，李文杰，叶珍．牡丹江西阁至柴河大桥江段水环境总量及其分配优化方案研究 [J]. 环境科学与管理，2013，38（7）：40-44.

[12] 陈水森，方立刚，李宏丽，等．珠江口咸潮入侵分析与经验模型：以磨刀门水道为例 [J]. 水科学进展，2007，18（5）：751-755.

[13] 龙腾锐，郭劲松，冯裕钊，等．二维水质模型横向扩散系数的人工神经网络模拟 [J]. 重庆环境科学，2002，24（2）：25-28.

[14] Huang W，Liu X，Chen X. Numerical modeling of hydrodynamics and salinity transport in Littlemanatee River[J]. *Journal of Coastal Research*，2008，Special Issue 52：13-24.

[15] HydroQual Inc.，2002. A Primer for ECOMSED，Version 1.3，User's Manual. HydroQual Inc.，1 Lethbridge Plaza，Mahwah，NJ. 188 p.

[16] Nares C，Subuntith N，Sukanda C. Empowering water quality management in Lamtakhong River basin，Thailand using WASP model[J]. *Research Journal of Applied Sciences：Engineering and*

Technology, 2013, 6 (23): 4485-4491.

[17] Wool T A, Davie S R, Rodriguez H N.Development of three-dimensional hydrodynamic and water quality models to support total maximum daily load decision process for the Neuse River Estuary, North Carolina[J]. *Journal of Water Resources Planning and Management*, 2003, 129 (4): 295-306.

[18] Marcos von Sperling, André Cordeiro de Paoli.First-order COD decay coefficients associated with different hydraulic models applied to planted and unplanted horizontal subsurface-flow constructed wetlands[J]. *Ecological Engineering*, 2013, 57 (2013): 205-209.

[19] 郭儒，李宇斌，富国．河流中污染物衰减系数影响因素分析 [J]. 气象与环境学报，2008，24 (1): 56-59.

[20] Weiler R R. Rate of Loss of Ammonia from Water to Atmosphere[J]. *J. Fish Res. Board Can.*, 1979 (36): 685-689.

[21] Sratton F E, Asoe AM.Nitrogen Losses from Alkaline Water Impoundments[J]. *J. Sanit. Eng. Div. Am. Soc. Crv. Eng.* 1969, 95 (As2): 223-231.

[22] Druon J N, et al.. Modeling the dynamics and export of dissolved organicmatter in the Northeastern U.S. continental shelf.[J] *Estuar. Coast. Shelf Sci.*, 2010 (88): 488-507.

[23] Wright R M, Medonell A J. In-stream de-oxygenation rate prediction[J]. *Proc ASCE J Env*, 1979, 105 (4): 323-335.

[24] PU Xun-chi, LI Ke-feng, LI Jia, et al. The effect of turbulence in water body on organic compound biodegradation[J]. *China Environmental science*, 1999, 19 (6): 485-489.

[25] 王宪恩，董德明，赵文晋，等．冰封期河流中有机污染物削减模式 [J]. 吉林大学学报：理学版，2003，40 (3): 392-395.

[26] 王泽斌，马云，孙伟光．牡丹江流域面源污染控制技术探讨 [J]. 环境科学与管理，2011，36 (7): 59-62.

[27] Fischer H B, Berger J I, List E J, et al. *Mixing in inland and Coastal Water*[M]. New York: Academic Press, 1979: 50-116.